1000張實境照全圖解！

初學者的縫紉入門

手縫訣竅 × 機縫技巧 × 基礎刺繡，在家輕鬆修改衣物＆製作實用小物

奧爾森 惠子 Keiko Olsson 著

スキル 0 でも一目でわかる ソーイング大全

CONTENTS

CHAPTER 04
日常生活中的縫紉應用

CHAPTER 05
動手製作6個生活小物

INTRODUCTION

大家好。我是裁縫師 Keiko Olsson，目前住在北歐的瑞典。

在瑞典，在家製作縫紉小物是很常見的事。在我經營的縫紉教室裡，也會教授如何製作提袋、小錢包、居家配件，以及如何修改衣物、縫製兒童洋裝或連身裙，還有讓生活更豐富的各種配件。

我在製作這些縫紉小物時很重視一件事，那就是——心情放輕鬆，享受親手完成作品的過程。採買新材料回來也很好，但光是思考家中剩下的布料可以做什麼、稍微修改或縫補破損的地方，藉由改造來延續物品的生命，就能度過愉快的時光。

本書針對縫紉的基本技巧，使用大量實境照進行解說。只要掌握住基礎知識，就能利用這些技巧做出各種作品。等技術愈來愈熟練之後，請務必試試看！

自己花時間做出來的東西，即使縫線有點歪，也會有溫暖人心的魅力，反而會讓人更加珍惜使用，十分不可思議。

因為我目前居於北歐，因此本書所刊載的作品，都是使用瑞典當地的布料，不過大家可以使用手邊現有的布料或另外購買喜歡的花色，享受自由配色的樂趣。

在縫製東西時，把本書放在旁邊，覺得有問題時，一翻開就能立刻解決！
期待本書在你的縫紉之路上，能夠成為有力的幫手。

作者　奧爾森　惠子（Keiko Olsson）

CHAPTER_01

縫紉的基礎知識

基本的
材料與工具

以下介紹縫紉時不可或缺的基本材料，以及各種便利小工具。請事先了解各種物品的使用方式及挑選方法，以便慢慢找齊適合自己的東西。

縫紉基本工具

從一定要有的針線到裁布，這些是開始縫紉前的必備工具。
也可以先用手邊現有的物品替代。

手縫線

以順時針方向揉捻而成的縫線，不易打結或纏繞，市售品多為用紙板或塑膠圓軸捲繞而成。

手縫針

分為日式和美式手縫針，依長度和粗細有不同的款式。厚布料用粗針，薄布料則使用細針。

珠針

針頭帶著珠子的針，用於固定重疊的布面或紙型，以免錯位。

布剪

裁剪布料專用的剪刀，如果將布剪拿去剪紙，會使刀鋒鈍化，請避免用來剪布料以外的東西。

紗剪

也稱線剪，剪線頭用的小剪刀，刀鋒尖細且銳利，適合用於細部作業。

錐子

用於開孔、拆針腳、車縫時送布、調整角度等精細工作。

針枕

用來插放縫針和珠針的工具，也可稱為針墊、針插或針包。另有磁鐵款式。

粉土筆

能直接在布面上做記號的鉛筆狀粉餅，深色布料使用白色才能看清楚。也可使用消失筆來替代。

尺

整支都有刻度的尺，方便用於測量尺寸、做出縫份和打褶記號。

打版與裁布時的基本工具

製作原寸紙型、在布面上做記號以及裁布時會使用到的各種工具。

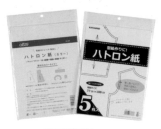

描圖紙

打版用的半透明描圖紙。如果使用彩色描圖紙，即可分色使用在不同的部位。

方格尺

印有格線的尺，能準確畫出平行線和垂直線，連45度的角度也能輕鬆畫出。

紙鎮

描圖、裁剪時壓在紙型或布面上的重物，避免布面或紙張產生移動。

三角粉餅

可直接在布面上做記號，如果磨平了，用銼刀或專用削具削尖即可。

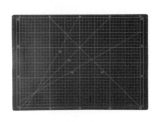

切割墊

用刀具裁布時使用的墊子，可保護桌面並避免刀刃缺角。

滾輪刀

可沿著尺筆直地裁布，在裁切曲線時，請選擇刀刃較小的款式。

描線滾輪器

配合布用複寫紙使用，便於在布面上做記號。選擇滾輪比較柔軟的款式，不易傷到布面、紙型或複寫紙。

布用複寫紙

方便在布面上做記號或描繪刺繡圖案，分為雙面型和單面型。

機縫使用的工具

使用家用縫紉機時，
一定會用到機縫線和車針。
請依照布的厚度和種類選擇適合的用品。

車針

分為家庭用和工業用，家庭用車針的特色是插入縫紉機的部分呈平坦狀。

機縫線

機縫線有棉線、絲線、尼龍線等材質，一般多使用滑順且結實的尼龍線。

▌其他工具

讓縫紉工作更便利的進階版道具，以及整燙布料的工具。
請選擇適合自己、用起來順手的款式。

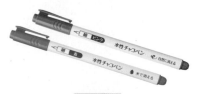

消失筆

能直接在布面上做記號，分
為可自然消失與噴水後消失
等款式。

拆線器

用於切斷縫線的工具。剪刀
不易伸入剪斷的細部縫線，
用拆線器比較方便。

捲尺

用於測量尺寸的工具。特別
是直尺無法測量的長度或曲
線，即可使用捲尺測量。

布用接著劑

可黏合布面的接著劑，款式豐
富，請依材料和用途選擇。

穿線器

不易穿針的線也可輕鬆穿過
針孔的工具。根據不同種類
的針，有各種相對應的穿線
器款式。

桌上型穿線器

不易穿針的線也可輕鬆穿過
針孔的工具。只要固定好針
和線，按下控制桿就能穿好
線。

頂針

手縫時方便按壓針頭的工
具，可減輕手指負擔。使用
時套在慣用手的中指上，分
為皮革製和金屬製。

疏縫線

機縫的時候，為了避免針腳
歪斜，事先固定布料所使用
的棉線。

固定夾

處理曲線或是不希望珠針造
成布料上的針孔時，用來固
定布料的工具，厚布料或特
殊布料都能輕鬆固定。

熨斗

用於燙平布的皺褶、燙開縫
份或燙倒縫份等情況。

燙衣板

和熨斗搭配使用。能使熨斗更
易於散發蒸氣，完成更漂亮的
作品。

噴霧器

用熨斗燙平布料的皺褶時，
想要大範圍弄濕布料時使
用。請選擇可噴出細微噴霧
的款式。

線與針的選擇

不論手縫用或機縫用，針和線都有不同粗細及各式各樣的種類，請根據布料的厚度及材料選購。

手縫線與機縫線

機縫線的粗細以編號來表示，數字愈大的線愈細，適合用於縫製薄布料。

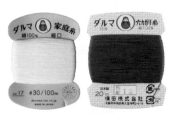

手縫線

一般手縫線為40～50號線，縫鈕扣則選擇強度比較大的20～30號線。疏縫則要使用專用的疏縫線（請參考P8）。

機縫線（一般布料‧厚布料）

建議選用比較結實的尼龍線。一般布料適合用60號線，牛仔布等厚布料適合用30號，紗布等薄布料則選擇90號。

機縫線（針織布料）

縫針織布料或彈性布料時，使用具有伸縮性的尼龍線。具有彈性的牛仔布等厚布料，則使用30號線。

手縫針與車針

針的粗細以編號表示，手縫針的號數愈大針愈細；車針則相反，號數愈小針愈細。

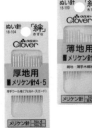

手縫針

厚布料用粗針，薄布料用細針，這是用針的基本原則。編號的數字愈大針愈細，至於針的長度，請選擇自己用起來順手的即可。

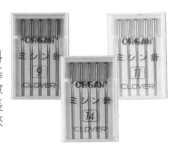

車針

分為家庭用、工業用和拷克機用。一般布料使用11號針，厚布料使用14號針，薄布料則使用9號針。

線色的選擇方法

把布料帶去店裡，把線放在布料上對照，就能選擇適合的顏色。在商店裡，可以向店員借閱線的色樣手冊。

選色的基本，是配合布料面積最大的顏色。也可使用花紋中的部分顏色，當作縫紉作品的亮點。

找不到一模一樣的顏色時，選擇顏色較淺的顏色，成品的縫線會比深色系的線不明顯。

如果想要刻意突顯縫線的顏色，即使不用同色系也沒問題。建議使用30號的粗線縫製。

關於布料

來到布市或布料專賣店一看，店裡陳列了許多布料。不僅有各式各樣的顏色和花樣，就連厚度、材質、織法都不同。以下為各位解說布料的種類及特性。

▋ 布的名稱

布料上的織線由經紗和緯紗交叉織成，經紗是與布邊平行的「縱向」，緯紗是與布邊垂直的「橫向」。在紙型和尺寸圖上都會標示出縱向方向的箭頭記號，稱為「直布紋」。

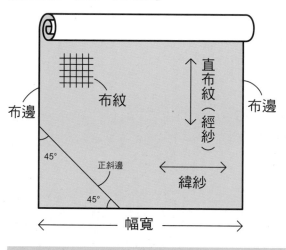

▋ 布料幅寬

所謂幅寬，是指布的橫向尺寸，一般尺寸大約是90～120cm。實際需要的布量會根據布料的幅寬而不同，因此在購買布料時，一定要先確認布的幅寬。

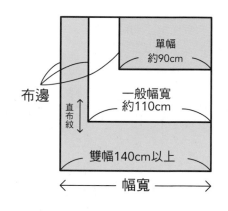

▋ 編織與染色

經紗和緯紗一股接一股地交叉織成的布料，稱為「平織」；將好幾股線規律性地錯開，形成斜向織紋的布料，稱為「斜紋織」。在染色方面，以線的狀態染色稱為「先染布」，織完布料再染色則稱為「後染布」。

斜紋織（先染布）

平織（先染布）

先染布（平織）

後染布（平織）

▋ 分辨布料正反面的方法

檢查布的裁切邊，找出被針戳過的孔洞，正面的那一邊針孔向下戳進，反面的那一邊針孔向上突起。但是，也有許多例外的狀況，因此在無法判斷時，請自行決定其中一邊為正面，統一正反面以利製作。

（正面）

（反面）

布的種類

雖說都是布料，但是布也有分很多種類，以下介紹一般常用的布料名稱與特徵。請依個人的喜好與想要的效果，選擇喜歡的布料製作。

一般布料

即使是初學者用起來也很順手的厚度，建議使用60號機縫線、11號車針。

細棉布

最具代表性的平紋織法棉布，密度高且柔軟，具有適度的張力與光澤。

被單布

平紋織法的棉布，比細棉布稍厚一些。布紋稍粗，適合樸素風格。

府綢布

輕薄、柔軟的平紋織法棉布，具有微透感，適合用於縫製女衫和連身裙。

牛津布

由兩股紗線捻在一起織成的平織布，從衣服到包包，可使用的範圍很廣。

棉麻布

棉與麻混紡而成的布料，同時兼具棉的柔軟與保溫性，以及麻的透氣性與質地。

麻布

結實且擁有優異的吸水性與透氣性，具有獨特的清涼感。容易起皺褶。

斜紋布

用斜紋織成的棉質布料，具有適度的張力，不易起皺褶。

格紋布

表面具有凹凸不平的細粒為這種布料的特徵，觸感乾爽，具有清涼感。

粗棉布

經紗用白線、緯紗使用色線織成的斜紋布，特色是具有牛仔布風格。

蜂巢布

表面擁有像是格子鬆餅一樣的凹凸紋路為其特徵，柔軟且具有伸縮性。

人字紋布

圖案像是剖開的魚骨般的斜紋布，在日文中有「鯡魚骨」的別名。

蕾絲布

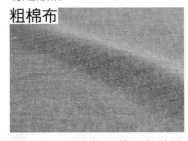
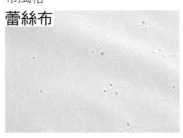

在棉布上刺繡或做鏤空剪裁的布料，也有在布面上剪出孔洞以營造出透明感的設計。

薄布料

100～80號觸感輕薄且柔軟的布料。縫製作品時建議使用90號機縫線與9號車針。

雙層紗

將綿紗（織紋稀疏的柔軟平織布）疊在一起加工處理成的布料，質地柔軟但容易縮水。

蟬翼紗

具有適度的張力與透明感，經常用來製作裙子或當作裝飾衣物的配件。

雪紡紗

柔軟且具有良好垂墜度的平織布，有透明感，不易起皺褶。

緞面布

具有光澤，觸感滑順。常用來製作服裝或展示用布料。

薄紗

所有織紋稀疏的薄布料之總稱。觸感乾爽，適合製作春夏季的服裝。

人造纖維內襯布

重疊在表布當作「內裡」的布料。功用是預防衣服過於透明而走光，也提升了舒適性。

厚布料

具有厚度且結實的布料，縫製作品時建議使用60號或30號的機縫線與14號的車針。

帆布

由棉與麻的粗線密織而成的平織布，特點是紮實耐用。厚度以號碼表示。

牛仔布

經紗使用色線、緯紗使用白線所織成的斜紋布。厚度單位以「盎司」標示。

鋪棉布

在兩片布之間放入棉襯，加以縫合而成的布料，具有良好的保溫性。

搖粒絨（fleece）

由石油提煉的聚脂纖維所製成的刷毛布料，具有保溫性，質地輕柔且耐磨。

法蘭絨

柔軟的刷毛布料，常用於製作睡衣或襯衫。

羊毛粗花呢

由短羊毛織成的毛料織物，手感厚實，特色是表面呈現刷毛凹凸感。

特殊布料

請配合布料的厚度選出適用的針線。對於具有伸縮性的布料，請選擇針織專用的線和針。

網眼紗

由六角形的網眼串成的蕾絲布料，分為軟布與硬布兩種。

針織布

具有伸縮性、質地較厚的布料。棉質針織布經常用於製作T恤。

塑膠防水布

單面有做聚脂纖維塗層加工，具有防潑水功能，特徵是不易綻線。

尼龍紡

布料密度高且非常結實，具有防潑水功能，經常用於製作環保袋。

緹花布

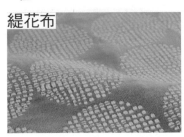

用縫線表現出複雜花紋變化的織物，特徵為花紋呈立體狀。

絲絨布

觸感類似絲質，表面織出短絨毛的毛織品，縫製難度較高。

選布的方法

對於新手來說，選布是相當困難的一件事。以下介紹一些選布的訣竅，希望大家能夠選到喜歡又好處理的布料。

建議初學者優先選擇棉質素材，從小配件到洋裝皆可使用。不過，彈性好的布料縫紉難度較高，因此請選擇細棉布、牛津布、被單布等伸縮性差且容易購買的布料。厚度則選不會太薄又不會太厚的一般布料（請參考P11）。有花樣或有上下方向的布料，因為必須對齊花紋（請參考P94），需要的布量可能會增加。因此，若想要輕鬆縫製作品，請從沒有花紋、任何方向都能使用的素色布料開始練習。

最建議新手選擇府綢布。府綢布具有細棉布的質感，表面平滑且觸感良好，是一種具有高級感的平織布，車縫的針腳很漂亮，非常適合初學者使用。

布料的事前處理

買回來的布料，經紗和緯紗多少會有些偏斜，如果未經處理就裁剪，成品會容易變形，因此首先要做的就是整理布紋。

整布

調整布紋使經紗和緯紗呈垂直交叉狀，這個動作就稱為「整布」。

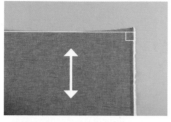

1 將布料的裁切邊拉直並鋪平，就能看清楚裁剪的線條是斜的。

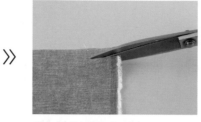

2 在布邊剪出一個缺口。

3 從缺口處拉出一條橫跨兩端的緯紗。

4 慢慢地抽出，小心不要中途拉斷。

布紋線的痕跡

5 拉到最後，布面上會出現一條布紋線。

6 將布剪沿著抽線的痕跡裁剪布料。

7 確認裁剪過的線條是否與裁切邊呈垂直。

8 將歪斜的方向往反方向拉扯，以矯正斜度。

9 用熨斗燙平調整。

下水預縮處理

下水後容易縮水的布料，請先浸水後晾乾，然後再進行整布作業。至於是否為容易縮水的布料，請在購買時向店家確認。

1 將水注入洗臉盆或水槽，將布料放入浸泡。泡水片刻後，用洗衣機脫水。

2 取出布料，將皺褶拉平，放在陽光不會直射處晾乾。晾到半乾狀態時，用熨斗燙平以調整布紋。

▌布襯

在布料上貼布襯，不只可加強耐用度和防止布料變形，更可維持布料的張力與美麗輪廓。

布襯

單面附有接著劑的墊布，用熨斗加熱燙平即可緊貼於布面。

布襯的種類	特徵
薄布襯	種類繁多，從軟布到硬布，有各式各樣的質地，和平織布很搭。
洋裁襯	具有伸縮性，可用於針織材質，也可用於平織布。質地柔軟，作品完成後不失垂墜感。
紙襯	用纖維纏繞製作而成，使用時不必在意布紋。適合用在包包或帽子等小物。若要縫製洋裝，請選擇薄款。

布襯的黏貼方法

布襯在熨斗的熱度降溫後才會牢牢貼緊，因此在尚未冷卻前請勿觸摸。

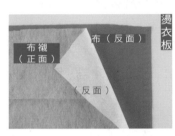

1 由下往上，依照燙衣板、布料（反面朝上）、薄布襯（粗糙面朝下）的順序疊在一起。

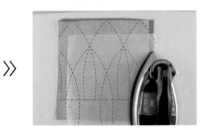

2 最上方鋪一張烘焙紙或描圖紙，熨斗調到中溫後，壓在一處停留約10秒。不要用滑動方式加熱，而是一點一點地挪動加熱位置。

▌如何處理縫份

將縫份分開的動作稱為「開縫份」，往其中一邊倒下則稱為「倒縫份」。

開縫份

（反面）

縫合完成後，將縫份往兩側完全分開，用熨斗前端壓平縫份的邊緣。

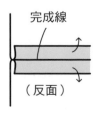

完成線

（反面）

倒縫份

（反面）

1 將縫合後的縫份倒向同一邊，用熨斗輕輕按壓。

（正面）

2 翻到正面，用熨斗前端壓平縫份的邊緣。

完成線

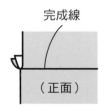

（正面）

珠針的
使用方式

在接縫布面時，為了避免布料的位置跑掉或錯位，要用珠針固定，這就是珠針的作用。皮革或塑膠布等不能打孔的布料，則要使用固定夾（請參考 P8）。

將布料拿在手上別珠針

手拿著布料時，用手指壓著布料並牢牢固定住，然後再別上珠針。

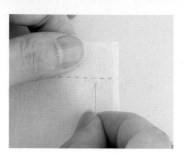 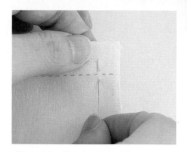

1 將兩片布的裁切邊對齊，並用手壓好布面，同時將針穿入縫線稍微偏下的部位，挑起一小針。

2 別好的珠針與縫紉方向呈垂直。

將布料放平後別珠針

布料平放的狀態下別珠針，布面會比較穩定，記號也不容易錯開。

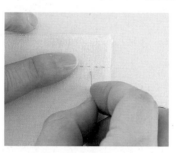 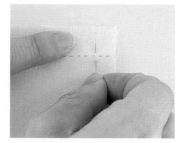

1 將兩片布的裁切邊對齊，放在平坦的工作台上，用手指壓著布面的同時，將針穿入縫線稍微偏下的部位，挑起一小針。

2 別好的珠針與縫紉方向呈垂直。

別珠針的順序

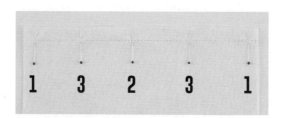

一開始在兩端位置（始縫點和止縫點）別珠針，確認布是否有緊繃或鬆弛的狀況後，在中央部位別下一針。若是出現曲線或間隔比較大的情況，則在珠針與珠針之間多別幾針。

接縫的位置

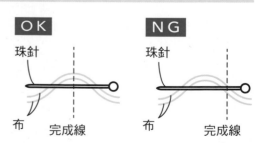

如果將珠針別在完成線的上方，則縫紉的位置容易跑掉。尤其在縫製較厚的布料時，請把布面稍微挑起，以免兩片布的記號移位。

對準記號後
再別珠針

需要標示出止縫點記號或打褶記號時,用以下的方法別珠針。

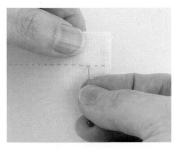

1 將兩片布正面相對疊起來,在車縫線的上方穿入珠針。

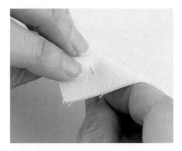

2 將珠針從下方布面的縫線上方穿出。

3 對準兩片布的記號,用手指壓好布料,先抽出珠針。

4 將針穿過縫線稍微偏下的部位,挑起一小針。

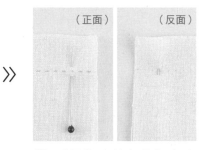

(正面) (反面)

5 別好的珠針與縫紉方向呈垂直。

使用縫紉機車縫時

從慣用手的那一邊別珠針,在車縫的同時拔珠針會比較順手。

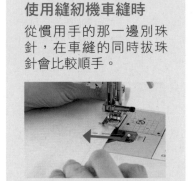

錯誤的
別珠針方式

如果弄錯了別珠針的方向,或布挑起來的量太多,布面不僅容易錯位,更有可能會有受傷的風險,要特別小心。

NG	NG	NG
挑布的距離過大,布容易錯位,無法固定好。	沿著完成線別珠針,縫紉時很可能會刺到手。	以斜角別珠針,布面容易錯位,無法固定好。

盡情享受
美好的裁縫時光

在生活中，被這些長期愛用的縫紉工具、可愛的布料或鈕扣等小物圍繞，讓我覺得「每次用起來都很開心」、「光看到就很舒服」。對我來說，靜靜地縫紉作品，就是我最療癒的時光。

因為住在受懷舊文化薰陶的北歐，在我身邊有許多老奶奶流傳下來的裁縫箱或二手雜貨。我很喜歡看起來有年代且復古的東西，所以經常會收集看起來舊舊的瓶瓶罐罐，用來當作裁縫小物的收納用品。我認為，廚房裡用舊的鍋碗瓢盆或是園藝盆器等，都很適合用來收納裁縫道具。

左圖／包裝很可愛的各種容器。只要你喜歡，都可以試試用來收納裁縫道具。右圖／逛跳蚤市場蒐集到的優質罐子、果醬空瓶都能夠再利用。從 IKEA 買回來的黃色花盆，裡面放著剪刀和錐子。

CHAPTER_02

手縫的基礎與
針法介紹

手縫的基本

以下為您詳細解說從穿線開始到縫紉結束的所有手縫基礎知識。不論是初學者還是很久沒碰針線的人,都可以一起享受手縫樂趣。

穿線

用「針靠近線」的感覺穿線,比「線靠近針」容易穿過去。只要習慣了,就能順利將線穿入針孔。

1 線頭起毛時,用紗剪從斜角方向剪掉。

2 將線穿過針孔。線拿短一點,比較容易穿過去。

線的長度

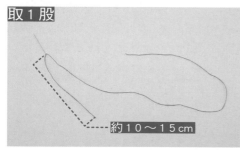

取1股

約10～15cm

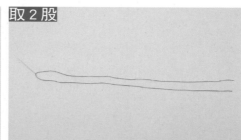

取2股

裁下長度約40～50cm的線。線太長的話,會容易纏繞在一起或是起毛,縫起來不順手。

輕鬆穿過去!
穿線器的使用方法

穿線器

即使是很細的針,也能將線輕鬆穿過去。

1 將穿線器的金屬絲穿過針孔。

2 將線穿過金屬絲的圈圈裡。

3 將穿線器抽回,抽出另一端的線頭。

始縫結

為了預防縫好的線掉落，在開始手縫的時候要先在線頭打結，這個部分稱為「始縫結」。

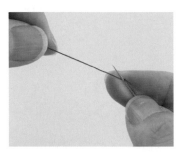

1 將線穿針後，把要打結的部分放在針尖上。

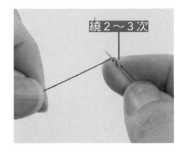

繞2～3次

2 將線繞針2～3次。

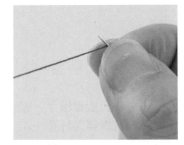

3 用手指緊緊捏住繞好的線。

4 維持捏著線的姿勢並抽出針。

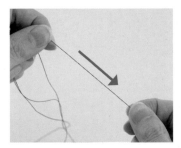

5 將打好的結往線頭拉近。

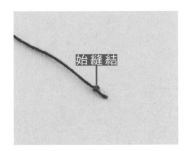

始縫結

6 完成。

拿針的方式
（頂針的使用方法）

頂針
方便按壓針頭的工具，可防止手指被針傷到。

1 套在慣用手的中指第一指節與第二指節之間。

2 用拇指與食指拿著針，中指彎曲。

3 針頭以垂直角度頂著頂針，像推著針的感覺往下縫。

開始手縫

退一個針距之後再開始手縫，完成時才會牢固不脫線。
利用回針縫，使打結線不易脫落。

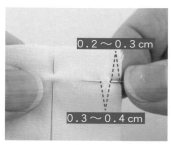

1 打好始縫結後，在距離布邊0.2～0.3cm的位置入針，並在0.3～0.4cm的位置出針。

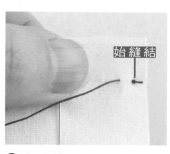

2 拉出縫線（縫1針）。

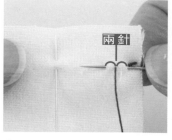

3 將針再次插入一開始下針的位置（始縫結的位置），於兩針距離的位置出針。

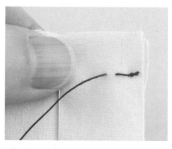

4 將線抽出。重複步驟3～4的動作，繼續縫下去。

結束手縫

和開始手縫的情況一樣，退一個針距之後固定，打結時才不易鬆脫，完成時也不會脫線。

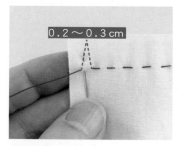

1 在距離布邊0.2～0.3cm的位置縫好固定。

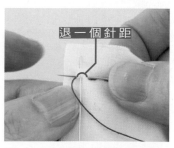

2 在退一個針距的位置入針，從與1相同的位置出針。

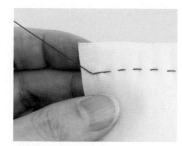

3 拉出線。

收尾結

為了防止縫好的線鬆脫，結束縫紉作業時所打的結，稱為「收尾結」。

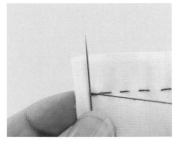

1 把針放在最後一針抽出的位置。

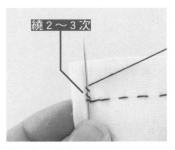

繞2～3次

2 將線繞針2～3次。

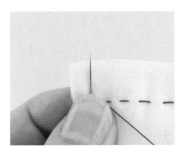

3 用指尖緊緊壓住步驟2繞好的線。

4 維持壓著線的姿勢，另一手抽出針。

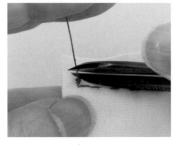

5 保留0.2～0.3cm的線頭，其餘剪掉。

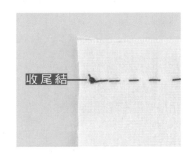

收尾結

6 完成。

剩下的線太短時該怎麼辦？

當剩下的線太短而無法打收尾結時，請用以下的方式收尾。

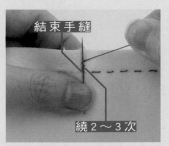

結束手縫

繞2～3次

1 將線從針孔抽出，把針放在最後線穿出的位置，用線繞針2～3次。

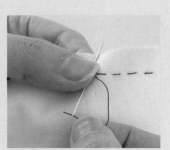

2 用指尖緊緊壓著步驟1繞好的線，再把線頭穿過針孔。

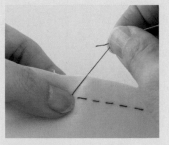

3 維持壓著線的姿勢並抽出針，保留0.2～0.3cm的線頭，其餘剪掉。

CHAPTER_02

手縫的基礎與針法介紹

23

各種手縫針法

以下介紹配合不同目的而採用的手縫方法。為了方便讀者學習及看清楚運針的步驟，在這裡使用紅線標示，實際縫紉時請配合布的顏色選擇適合的手縫線。

平針縫

以約0.3～0.4cm為間隔縫正反兩面的基本縫法，如果針距更密集一點，則稱為「串縫」。

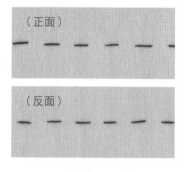

（正面）

（反面）

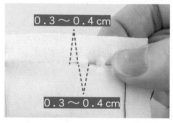

0.3～0.4cm

0.3～0.4cm

1 以0.3～0.4cm的間隔下針再出針，也可一次縫2～3針。

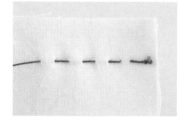

2 正面和反面的模樣相同。

全回針縫

線穿出後，在往後退一針的位置穿入，看起來沒有間隙。在手縫當中是為最結實的縫法，完成的效果和機縫的針腳幾乎一樣。

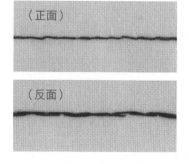

（正面）

（反面）

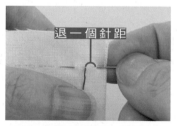

退一個針距

1 退一個針距從反面入針，在往前兩個針距的位置出針，重複此動作。

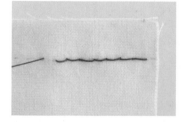

2 表面呈現的針腳，看起來就像整齊的機縫線條一般。

半回針縫

退半個針距穿入，再往前一個針距入針的縫法。從正面看來，縫線與平針縫一樣，卻更為牢固。適合有彈性的布料和薄布料。

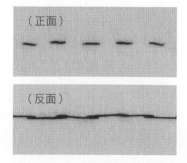

（正面）

（反面）

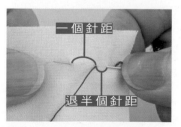

一個針距

退半個針距

1 退半個針距從反面入針，在往前一個針距的位置出針，重複此動作。

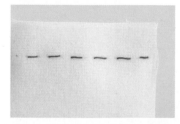

2 表面看起來的樣子和平針縫相同。

斜針縫

從正面看起來幾乎看不到痕跡的縫法，經常用在褲子或裙子的下襬收邊。

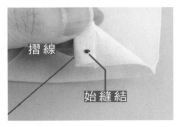

1 布料反面朝上，從縫份裡側的摺線出針並拉出縫線。

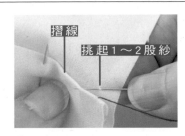

2 往前約0.5cm的位置，挑起一點點布料（約布料的1～2股紗），再從縫份反面下針，出針位置大約是往前約0.5cm的位置。

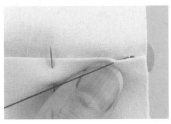

3 拉出縫線。

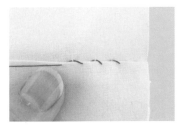

4 重複步驟2～3的動作。

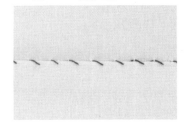

5 一直進行到布料另一端，在縫份的反面打收尾結。

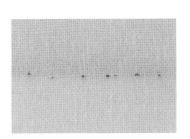

6 從正面看起來的樣子。

立針縫

將縫線立起來的垂直縫法，讓縫線藏在布料之間。常用於縫合布偶、滾邊條等接合不同布料的情況。

1 從縫份裡側出針並拉出縫線。

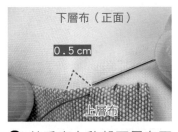

2 針垂直上移朝下層布下針，在往前0.5cm的反面出針。

3 拉出縫線，再一次從反面入針。

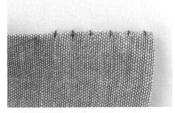

4 重複步驟2～3的動作。

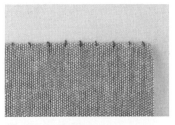

5 從正面看起來的樣子，縫線與布邊垂直。

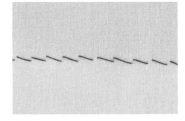

6 從反面看起來的樣子，縫線是斜的。

星止縫

由於是縫在縫份的裡面，所以不論從正面或反面看，幾乎都看不到縫線，這種縫法的特徵是每一針都只挑起幾根紗。

1 將縫份往內摺，挑起一點縫份裡側的線，再抽出縫線。

挑起1～2股紗

2 往前約0.5cm的位置，挑起一點點布料（約布料的1～2股紗）。

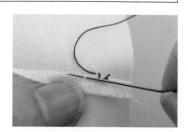

3 在縫份往前約0.5cm的位置挑起一點點布料。

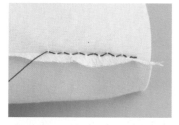

4 重複步驟 **2**～**3** 的動作，在縫份的反面打收尾結。

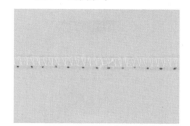

5 將往內摺的縫份復原後，幾乎看不到表面的縫線。

6 從正面看起來的樣子。

千鳥縫

縫線呈相互交叉，是一種可以縫得很牢固的方法。常用於褲子或外套下襬的收邊，或是袖口拷克後的縫份處理。

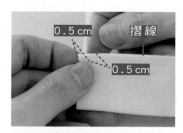

0.5 cm　摺線
0.5 cm

1 從布邊的左側0.5cm、摺線下方0.5cm的位置，從反面出針。

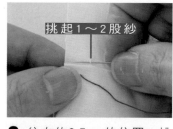

挑起1～2股紗

2 往右約0.5cm的位置，挑起一點點布料（約布料的1～2股紗）。

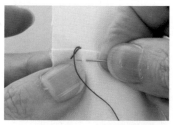

3 拉出縫線，在步驟 **1** 的縫線往右約0.5cm，挑起一點點布料（約布料的1～2股紗）。

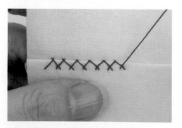

4 重複步驟 **2**～**3** 的動作。

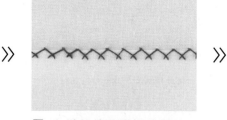

5 在縫份的反面打收尾結。

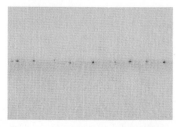

6 從正面看起來的樣子。

對針縫

正面幾乎看不到縫線的手縫法，常用於縫合包包的返口以及縫線綻開的布料。

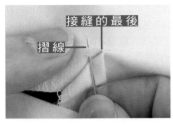

1 從縫份裡側往摺線上出針。

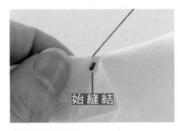

2 抽出縫線。

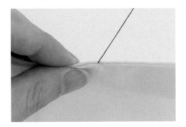

3 對齊兩塊布料的摺線。

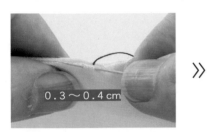

4 從另一塊布料的摺線上方入針，在針距約0.3～0.4cm的位置出針。

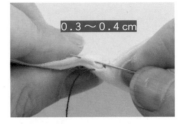

5 往對面布料的摺線入針，針距約0.3～0.4cm。

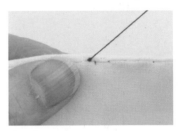

6 重複步驟 **4**～**5** 的動作，在靠近縫份這一側的摺線位置打收尾結。

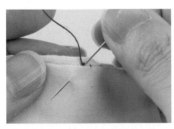

7 把針插入布與布之間，拉出縫線，把收尾結藏在裡面。

8 剪去多餘的線頭。

9 攤開布料，從正面看起來的樣子。

手縫中途需要換線時

當縫線長度不足以完成縫紉時，可以接上新線後繼續手縫工作。

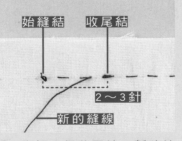

1 先打一個收尾結，暫時結束手縫。在縫線快要不夠用時，先做一針小小的回針縫，待新線穿好針後，先打好始縫結，在收尾結往前2～3針的位置下針。

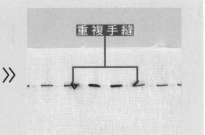

2 在相同的位置上重複之前的手縫，如此一來，就不必擔心縫線綻開的問題。

刺繡的基本

以下介紹刺繡需要準備的工具、事前處理與基礎知識。只要學會基本針法，在每天都會用到的環保袋或隨身物品做個刺繡點綴，就能完成一件專屬於自己的作品。

基本的材料與工具

刺繡的魅力，在於只要用少數的材料與工具就能完成，只要有針和線，任何人都可以馬上開始。

初學者也不用怕，慢慢地從必要的物件開始準備即可。

繡線（25 號）

一般最常用的25號繡線，由6根細線搓捻成一束。標籤上的編號標示的是顏色和廠牌。

繡針

為便於穿過繡線，針孔設計成細長型的專用繡針，粗細要搭配使用的繡線股數來選擇。

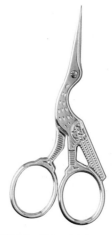

手工藝專用小剪刀

前端呈細尖狀，鋭利且小巧的剪刀。方便用來剪線、在布面上剪開口等精細作業。

繡框

用來將繡布撐開以便於刺繡的木框，可預防布面產生皺褶或變得歪七扭八。

布用複寫紙

在布上描繪圖案時使用的複寫紙。刺繡時，通常使用單面型的布用複寫紙。

描圖鐵筆

使用布用複寫紙，在布上面描繪圖案時使用的鐵筆，使用方法請參照P30。

刺繡前的準備

以下介紹繡線的處理方法與如何描繪圖案。
繡線大多挑2～3股一起使用，穿過針的繡線數量，會以「取○股」來表示。

繡線分股

繡線以6根細線搓捻成一束，使用時需要一股接著一股抽出必要的股數，再湊在一起使用。

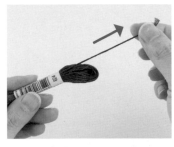

1 輕輕抓著標籤上方並抽出線頭，拉出約50cm後剪斷。

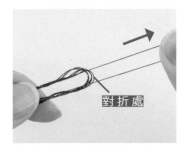

對折處

2 將步驟 1 抽出的繡線對折，從對折處抽出需要的股數，比較容易抽出。記得一股接著一股慢慢拉出。

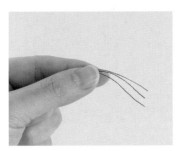

3 將抽出繡線的線頭對齊後搓在一起。

繡線的穿針方式

取出必要的股數後要一起穿針。如果無法順利穿針的話，可使用穿線器（請參照P20）。

1 將線頭折彎並掛在針頭上，輕輕地拉直繡線，同時抽出繡針，將繡線做出一個摺痕。

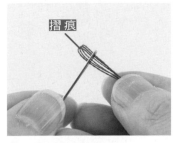

摺痕

2 將摺痕穿過針孔。

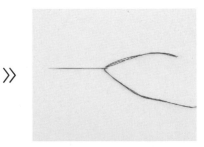

3 找出另一邊的線頭，穿線即完成。

如何描繪圖案

使用P38〜39的圖案時，在頁面上覆蓋薄紙描繪，再利用複寫紙描繪在繡布上。

1 將描繪好圖案的薄紙放在繡布上面，用紙膠帶固定。

2 在繡布與圖案之間夾一張布用複寫紙。

3 用描圖鐵筆在圖案上仔細描繪。

4 描繪完成的狀態。如果線條顏色太淡，可用粉土筆加強描繪。

由於鐵筆比較銳利，於薄紙上描繪圖案時，可在上方蓋一張玻璃紙，以防止圖案破裂，方便日後重複使用相同的圖案。

如何使用繡框

撐開的繡布如果太鬆，不僅刺繡時變得困難，也會影響成品美觀，請確實將繡框上的螺絲拴緊。

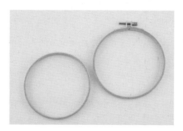

1 鬆開外框的螺絲、卸下繡框。

2 由下至上依照內框、繡布、外框的順序疊在一起，壓下外框後使布夾入繡框裡。此時，要把繡布調整到圖案位於中央的位置。

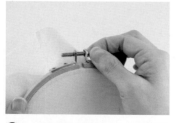

3 一邊撐平繡布，一邊拴緊螺絲。

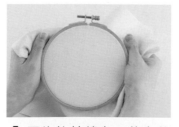

4 平均拉扯繡布，使布紋變得平整。

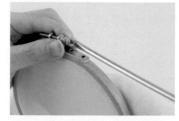

5 用螺絲起子把螺絲鎖緊，布就不易鬆弛。

基本的
刺繡針法

以下介紹 7 種常用的刺繡針法。
只要活用這幾種針法，搭配組合繡線顏色，就能變化出各種圖案，創造出無限可能。

直針繡

這是最基本的繡法，和平針縫稍有不同，方法是一針接著一針繡出筆直的直線。

1 從開始的位置背面出針，拉出繡線。

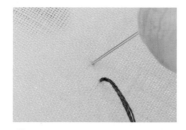

2 從正面下針，抽出繡線。

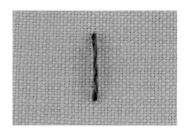

3 完成一針的狀態。

輪廓繡

用於繡出圖案的輪廓。若縮短刺繡的針距，完成的線條會更漂亮。

1 從開始刺繡的位置背面出針，拉出繡線。

2 沿著畫好的圖案線條，在往前一針的正面下針，拉出繡線。

3 從步驟 1 與步驟 2 之間出針，拉出繡線。

4 在往前一針的線上下針，拉出繡線。

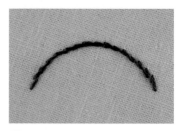

5 重複步驟 3～步驟 4 的動作，完成如上圖。

開始刺繡與結束刺繡時的方法

開始刺繡的線頭處理

在背面預留 7～8cm 的線頭，等結束刺繡之後，再以預留的線頭穿針，以與結束刺繡相同的方式，將繡線纏繞針腳再剪斷。

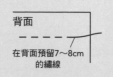

背面

在背面預留7～8cm的繡線

結束刺繡的線頭處理

繡線在背面的針上纏繞 4～5 次之後，剪線。

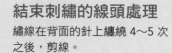

背面

背面

回針繡

和全回針縫的方法類似，一針接一針地回針再往前入針的繡法，形成不間斷的漂亮直線。

1 從開始刺繡的位置，往前一個針距，從反面出針，拉出繡線。

2 在開始刺繡的位置下針，抽出繡線。

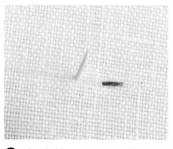

3 在往前一個針距的位置出針，拉出繡線。

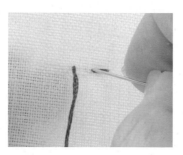

4 在退一個針距的地方下針，拉出繡線。

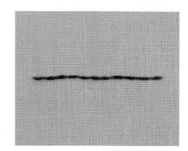

5 重複步驟 **3**～**4**的動作。

法國結粒繡

在繡針上繞線以做出小紐結的繡法，可利用繞線的次數和繡線的股數調整大小。

1 在記號位置的反面出針，拉出繡線。

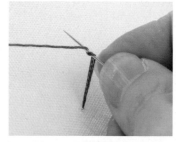

2 用繡線捲繞繡針2～3次。

3 將繡針插回步驟 **1**的位置。

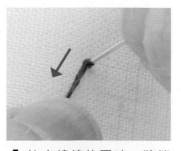

4 拉出繡線的同時，將捲繞的線圈緊貼針孔的位置，將針往反面抽出。

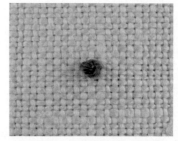

5 刺繡完成的狀態。

鎖鏈繡

形成如鏈條般的環狀繡法，常用於填滿圖案。

1 於開始刺繡的位置，從反面出針，拉出繡線。

2 將繡線繞成環狀，把針刺回步驟 **1** 的位置。

3 在往前一個針距的位置上出針，將繡線繞過針的下方。

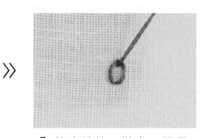

4 拉出繡線，做出一個環。此時，要注意避免過度用力。

5 將針從正面插入步驟 **3** 出針的位置，再繞成一個環，並挑起一針。

6 拉出繡線，做出第二個環。

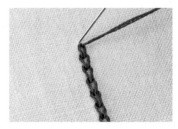

7 重複步驟 **5～6** 的動作，最後從正面將針刺入最後一個環的外側。

8 刺繡完成的狀態。

緞面繡

像繪畫上色一般，用於填滿圖案時的繡法，特徵是成品會流露出如緞面般的光澤。

1 於開始刺繡的位置，從反面出針，拉出繡線。

2 在圖案邊緣下針，拉出繡線。

3 緊貼著圖案邊緣出針，不留縫隙，拉出繡線。

4 在圖案邊緣下針，拉出繡線，繡線的方向需一致。

5 重複步驟 **3～4** 的動作。

毛邊繡

用繡線包覆住繡布邊緣的繡法,也會用在接縫布面、包布邊等情況。

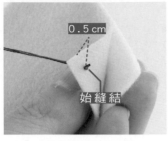

1 打始縫結後,在距離布邊約0.5cm的位置,從反面出針,拉出繡線。

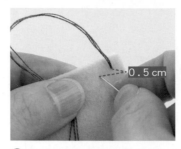

2 在往左約0.5cm的位置下針。

3 讓針穿過線的上方,拉出繡線。

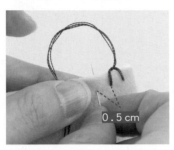

4 在往左約0.5cm的位置下針。與步驟 **3** 一樣,讓針穿過線的上方,拉出繡線。

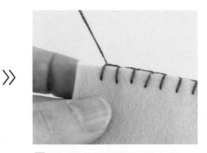

5 如果只需要繡到布邊,請直接跳到步驟 **10～11** 收尾。

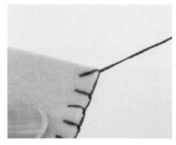

6 在繡到轉角時,下針時的針腳要打斜。

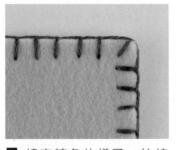

7 繡完轉角的樣子。拉線時請勿過度用力,否則會使轉角的地方變形。

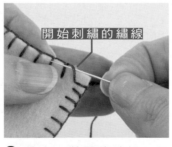

8 繡完一整圈的時候,最後一針挑起的位置,必須與第一針相同。

9 拉出繡線。

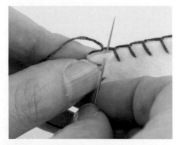

10 從正面的布與布之間下針,拉出繡線。

11 在邊緣打收尾結,並藏進布與布之間。

12 完整繡完一圈的狀態。

可愛的
創意字母刺繡

家中小朋友要上幼稚園了，想不想在孩子的隨身物品上嘗試獨一無二的刺繡呢？只要繡出名字，就能打造出專屬於自家寶貝的用品。

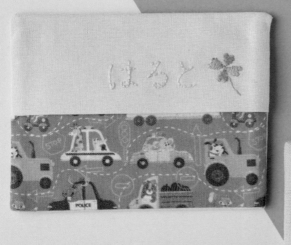

標記名字的面紙套
使用P38～39的圖案，在面紙套上繡出名字與圖案。請盡情享受任意搭配顏色與圖案的樂趣。

姓名刺繡的圖案樣本

平假名

此處雖然是以筆畫簡單的日文舉例,但不論是中文或日文,只要先描繪好草稿,每個人都可以輕鬆完成。
→ 原寸圖案請參考P38

あ い う え お
か き く け こ
さ し す せ そ
た ち つ て と
な に ぬ ね の
は ひ ふ へ ほ
ま み む め も
や ゆ よ
ら り る れ ろ
わ を ん

英文字母與數字

自由組合英文字母與數字,把喜歡的幸運數字繡在生活小物上,
讓你每天都擁有好心情!
→ 原寸圖案請參考P39

Aa Bb Cc Dd Ee
Ff Gg Hh Ii Jj Kk
Ll Mm Nn Oo Pp
Qq Rr Ss Tt Uu Vv
Ww Xx Yy Zz

0123456789

原寸圖案

直針繡②

法國結粒繡②

直針繡②

直針繡①

直針繡②（白）

直針繡②　輪廓繡②

鎖鏈繡②（白）

鎖鏈繡②

回針繡②

直針繡②

回針繡②　　　法國結粒繡②

回針繡　　　直針繡②　　　直針繡②

直針繡②

緞面繡②

直針繡②

直針繡②

緞面繡②

輪廓繡②

回針繡②

輪廓繡①

緞面繡②

回針繡①

緞面繡②

緞面繡②

緞面繡②

輪廓繡②（白）

法國結粒繡②

緞面繡②

直針繡②

輪廓繡②

緞面繡②

あいうえお
かきくけこ
さしすせそ
たちつてと
なにぬねの
はひふへほ
まみむめも
やゆよらん
らりるれわ
を

- 全部使用25號繡線。
- ○中的數字表示繡線的股數。
- 日文平假名（P36）是取3股線的回針繡，英文字母與數字（P37）是取3股線的輪廓繡。
- 未指定的地方都是取2股線的輪廓繡。

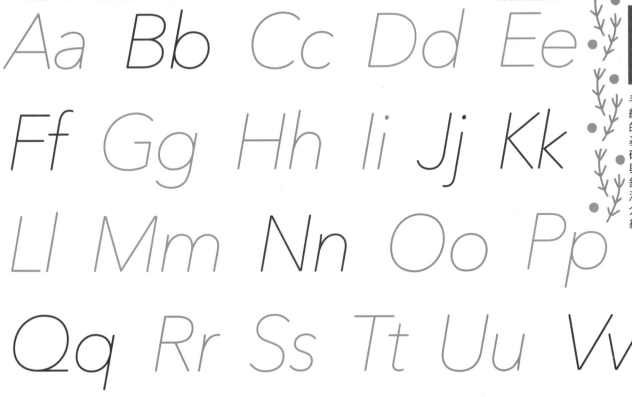

Aa Bb Cc Dd Ee
Ff Gg Hh Ii Jj Kk
Ll Mm Nn Oo Pp
Qq Rr Ss Tt Uu Vv
Ww Xx Yy Zz
0123456789

法國結粒繡②
直針繡②
法國結粒繡②

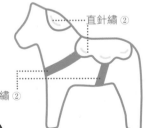

直針繡②
鎖鏈繡②

直針繡① 緞面繡②

直針繡②
緞面繡②

法國結粒繡②

緞面繡②

緞面繡②

直針繡②

緞面繡②

直針繡② 法國結粒繡②

緞面繡②
直針繡②

法國結粒繡②（白）

法國結粒繡②（白）

緞面繡②

沒有圖案也能繡！
可愛的圓形刺繡

在現有的物品（例如素面上衣、布包、手帕）描繪出圓形，
以基本繡法刺繡，就能完成可愛又獨一無二的刺繡小物。
關於刺繡的準備工作與繡法，請參考P28～33。

想到就能即刻執行的「圓形刺繡」！不需要高難度的技巧，可自由搭配多種繡線顏色，單色繡線也沒問題。用粉土筆直接在想改造的物品表面描繪圖案，畫出直徑約3～4cm的圓，然後在記號上用鎖鏈繡、直針繡、法國結粒繡、回針繡等繡法，繡出各種圓形即可，這也很適合用來當作刺繡的練習。

左／使用700m捲的機縫線、紙膠帶、小杯子等現有物品當道具，即可輕鬆畫出圓形。右／繡在開襟衫的胸口處，感覺像別上了胸針。即使只用一個圓，就能繡出許多花紋變化，真是賞心悅目。

CHAPTER_03

縫紉機的基礎
與操作方法

縫紉機的
各部位名稱
與功能

縫紉機有許多按鍵和操作選項，詳細功能視不同的品牌和機種而異。以下介紹一般縫紉機共通的各部位名稱與功能。

▎正面

穿線桿
穿線裝置，用於將車針穿線。

上線張力調節鈕
配合布和線的種類，調整上線的縫線張力。想要放鬆時往「弱」轉或數字調小，想要調緊則往「強」轉或數字調大。

速度控制桿
透過控制桿對準的位置，調整車縫的速度。

操作鍵
調整針距的長度及振幅等等。

手輪
用手轉動以決定提針或壓針，車縫細部或厚布時，可以轉動此處來移動車針。

花樣選擇鈕
轉動調整鈕以選擇車縫的款式。

開始・停止鍵
「車縫」與「停止」的操作鈕。

輔助板
下方可收納壓布腳和梭心，在車縫袖口等筒狀物時，則會拆下使用。

倒車按鈕
在按著按鈕期間，可往反方向車縫。

配件

單邊壓布腳
在接縫拉鍊或滾邊條時使用的壓布腳。

腳踏板
利用腳踏板來開始或停止車縫，即使雙手都在使用縫紉機的狀態下，也能透過踩踏來調整車縫速度。

上部

下線捲線桿
將縫線捲入梭心時，固定縫線的位置。

水平式線輪柱
放置上線用車縫線的位置。

線軸固定環
固定好車縫線之後，讓線軸固定好的零件。

梭心繞線軸
將下線捲入梭心時使用的裝置。

水平式梭床
固定梭心的位置。

車針周邊

從前面看的狀態

穿線裝置
方便車針穿線的裝置。

車針固定螺絲
用來固定車針。

壓布腳控制桿
可讓壓布腳上下移動，車縫時要壓下壓布腳。

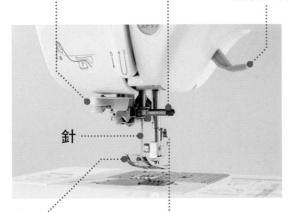

針

壓布腳
壓住布的固定配件，可視用途更換。

針桿線架
將線穿針之前，穿過上線的位置。

從側面看的狀態

壓布腳支架
拆裝壓布腳的配件。

裁線桿
把線架上去再拉扯，即可把線剪斷。

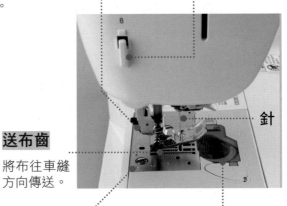

針

送布齒
將布往車縫方向傳送。

針板
附有刻度，在直線車縫時，具有引導功能。

針板蓋
打開蓋子後可放置梭心。蓋子呈透明，隨時可確認下線的剩餘量。

車縫前的準備

縫紉機是透過結合上線與下線進行縫合的機器。首先將車縫線捲進梭心,準備好下線,然後根據操作順序把上線固定在縫紉機上。

捲下線的方法

如果固定線的方法不正確,就無法平均地捲好下線,如此一來會導致縫線的張力不良,請務必注意。

梭心

捲繞下線的工具。尺寸與材質需視縫紉機的機種而異,購買時請務必確認。

1 取下線軸固定環,將機縫線插入水平式線輪柱固定好,再放回線軸固定環。把線穿在下線捲線桿上。

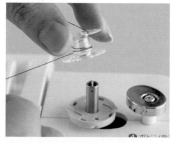

2 從內側將線穿過梭心上方的孔洞,抓著線頭,以順時針的方向繞線轉數次,如上圖。

3 將梭心固定在梭心繞線軸上,往右推。此時,縫線若呈鬆弛狀,則往梭心上捲緊。

4 按下開始·停止鍵(或是踩下腳踏板)。

5 稍微捲一下之後暫停,剪掉從梭心上從孔洞露出來的線。

6 再次踩下腳踏板,直到梭心的捲線動作自動停止為止。

7 捲線完成後,剪線。將梭心往左推,從梭心繞線軸取下梭心。

固定下線

務必先確認線是否往正確方向露出，再固定梭心。如果放置成反方向，很可能會造成下線打結。

水平式梭床

家庭用縫紉機通常使用水平式梭床。不需使用梭殼，可直接固定梭心。

1 拆下針板蓋，手拿梭心時，下線呈逆時針方向。

2 將梭心固定在梭床裡。

裁線器

線槽

3 一邊用手指壓著梭心，一邊將線穿過穿線切槽後，再穿過裁線器。

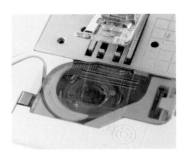

4 放回針板蓋。

垂直式梭床

垂直式梭床較常見於專業用及工業用的縫紉機。先將金屬梭心放進梭殼之後，再固定於梭床裡。

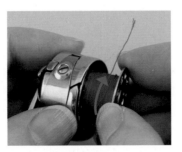

1 下線呈順時針方向，將梭心放進梭殼裡。

線槽

2 沿著梭殼的線槽，把線掛好後拉出。

梭殼

梭心

3 抽出約10cm長的線，固定好梭殼。

4 可使用螺絲起子轉動梭殼的螺絲，以調整下線的張力。

穿上線

車縫時若沒有正確穿好上線，可能會導致跳針或縫線緊繃。請依照下列步驟確實穿好上線。

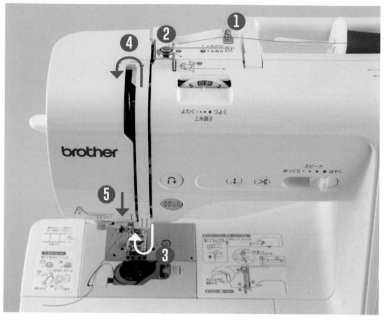

針桿線架

2 把縫線掛在針桿線架上。用左手壓著縫線，以右手拿著線頭掛上去，縫線比較容易穿過。

5～10 cm

3 將縫線由前往後穿過針孔。將拉出的縫線穿過壓布腳的下方，往後側拉出5～10cm。

1 將壓布腳控制桿上提，轉動手輪把車針提到最上方。將縫線固定在水平式線輪柱上，依照圖中1～5的順序繞線。

使用自動穿線器

有些新型縫紉機附有自動穿線器裝置，但形式及使用方法稍有不同，以下介紹最常見的用法。

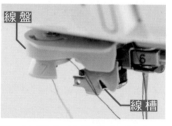

線盤

線槽

1 把掛在針桿線架上的縫線往左側拉，穿過穿線裝置上的線槽和線盤。

2 將穿線桿往下拉，縫線會穿過針孔。

圓圈

3 將穿線桿移回原位，穿過針孔的縫線會形成一個圓圈。

5～10 cm

4 拉出圓圈並抽出線頭。將拉出的縫線穿過壓布腳的下方，往後側拉出5～10cm。

拉出下線

先穿好上線再處理下線。如果無法順利拉出下線，就要重新放置梭心。

1 在壓布腳提起的狀態下抓著上線，轉動手輪放下車針。

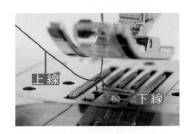

2 轉動手輪提起車針後，則可拉出下線。

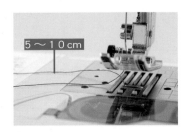

3 拉出5～10cm，和上線一起往後側拉出。

更換壓布腳

將壓布腳嵌入固定槽之後，提起壓布腳控制桿，確認是否有裝好。

1 在提起壓布腳的狀態下，按下壓布腳支架後方的拆卸鈕。

2 拆下壓布腳的狀態。

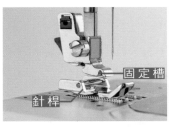

3 將壓布腳放在壓布腳支架與壓布腳針桿吻合的位置上。

4 放下壓布腳控制桿，將固定槽嵌入針桿。

更換車針

更換車針時，務必要先關閉縫紉機的電源，並在提起車針的狀態下進行。

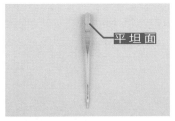

1 確認車針的平坦面。

2 放下壓布腳控制桿，用螺絲起子鬆開固定車針的螺絲，垂直插入車針。

3 車針的平坦面朝後方，插到底之後，鎖緊螺絲固定。

基本的車縫方法

設定好下線與上線之後，不妨用碎布試著車縫看看。車縫時，不只要檢視縫線張力，也要確認針距和車縫的速度。建議將縫紉機放置在平坦且穩定的地方。

設定針距長度

所謂針距，是指每一針之間的間隔距離。請依照布的厚度和車縫部位調整。

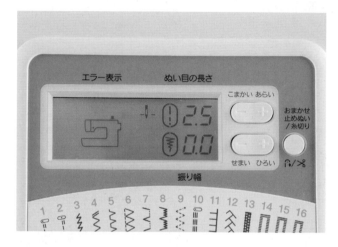

一般來說，車縫薄布料時的針距比較短（密集），車縫厚布料時的針距比較長（寬鬆）。也能設定鋸齒縫的樣式（車針左右移動呈 Z 字型的車縫法）。

調整線的鬆緊度（縫線張力）

所謂縫線張力，意指上線與下線互相拉扯的力量。如果是家庭用縫紉機，只需要調整上線就可調整好線的鬆緊度。

上線張力調節鈕

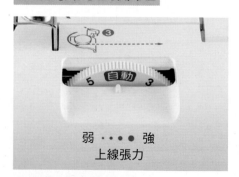

在正式車縫之前，先用碎布試縫以確認縫線張力。當上線與下線的平衡不佳時，可能會導致針距緊繃或是縫線鬆脫。

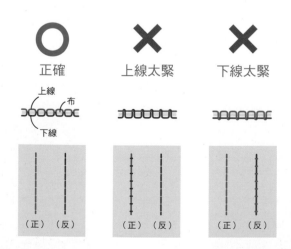

車縫直線

開始車縫與結束車縫時，為了避免縫線鬆脫，都需要倒車3～4針，這是車縫的基本。

1 提起壓布腳與車針。將上線與下線穿過壓布腳的下方，再從後側拉出。

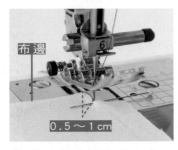

2 將布放在壓布腳下方。轉動手輪，將車針下降到距離布邊0.5～1cm的位置。

3 拆下珠針。

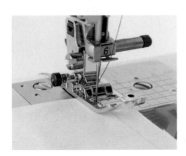

4 降下壓布腳。

5 按下倒車按鈕，車縫3～4針。

6 用手輕拉布面的前後兩端，筆直地往下車縫。

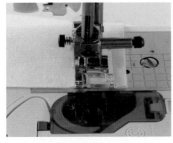

7 縫到布邊後，按下倒車按鈕，車縫3～4針。

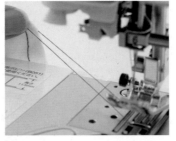

8 轉動手輪，將車針提升到最上方、提起壓布腳，往斜後方拉出布面。

9 在布邊剪掉線頭。

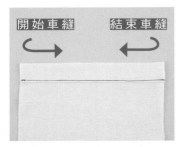

開始車縫　結束車縫

10 結束車縫的狀態。開始車縫與結束車縫都要倒車3～4針，避免縫線鬆脫。

POINT

紙膠帶

車縫位置的基準

如果車縫時沒有在布面上畫上車縫記號，沿著縫紉機上的針板刻度進行車縫即可。新手可以貼上裁成細長條的紙膠帶，看起來更清楚。

車縫曲線

最好能在曲線明顯的位置別上珠針，以密集的針距車縫。

1 在接近曲線時降低速度，使用錐子推進布面，一邊小心車縫。

2 若布面有錯位的跡象，則暫停車縫，珠針保留不動，提起壓布腳以便調整布面歪斜的部分。

NG

3 縫合曲線的地方。

若不降低速度並繼續車縫，布面會呈現上圖的扭曲狀態，要特別注意。

車縫直角

快縫到轉角時請暫停車縫，改為轉動手輪送針，即可完美車縫出直角。

1 車縫到轉角時，車針維持不動，提起壓布腳。

2 轉動布面，改變車縫方向。

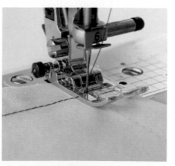 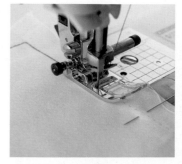

3 放下壓布腳。

4 再度往下車縫。

布邊的處理方法

除了不織布和防水布,大部分的布料在裁切後都需要處理布邊,否則很容易綻線,以下介紹處理布邊的6種方法。

鋸齒縫

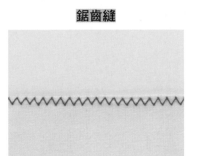

使用縫紉機的鋸齒縫功能。(請參考本頁下方。)

兩摺邊

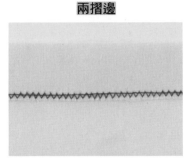

朝反面摺一次後車縫,布邊要事先處理好(請參考P52)。

三摺邊

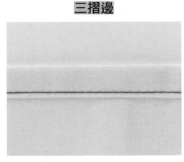

朝反面摺兩次後車縫,如此一來即可完全包覆住布邊(請參考P52〜53)。

包邊縫

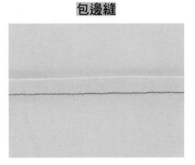

將兩片布縫在一起再捲成袋狀的處理方式(請參考P53)。

滾邊縫

以45度斜角裁剪的帶狀布料包覆住布邊(請參考P54〜56)。

拷克

使用拷克機處理布邊,可一邊裁掉多餘布料,一邊以2〜4股線包覆住布邊。

鋸齒縫

將布邊縫成 Z 字型就不會綻線,使用縫紉機附有的功能即可完成。薄布料用此方法容易緊縮,建議改用包邊縫(請參考P57)。

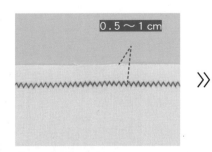
0.5〜1 cm

1 在距離布邊0.5〜1cm的位置進行鋸齒縫。

≫

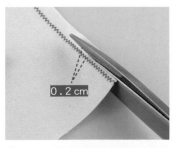
0.2 cm

2 在距離車縫線約0.2cm的外側裁切布料。

≫

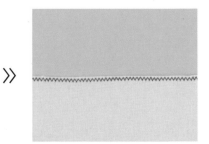

3 處理完成的狀態。

兩摺邊
（摺幅 2.5cm）

先用鋸齒縫等方式處理好布邊，再將處理好的布邊往內摺一次後車縫。

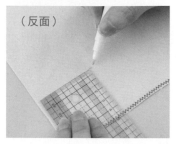

（反面）

1 將做好鋸齒縫的布料翻到反面，用消失筆在對折後的位置做記號。例如上圖的摺幅2.5cm，就在距離布邊5cm的位置做記號。

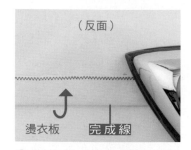

（反面）

燙衣板　　完成線

2 將布邊反摺至對齊記號，用熨斗燙出摺痕。

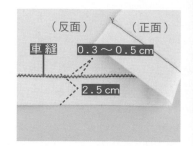

（反面）　　（正面）

車縫　0.3～0.5cm

2.5 cm

3 像按壓鋸齒縫上方的感覺，在距離布邊0.3～0.5cm的位置車縫。

三摺邊
（摺幅 2cm）

將布邊向內連續摺兩次後車縫，摺法還細分為一般三摺和完全三摺兩種。

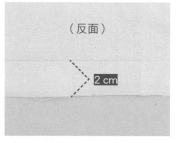

（反面）

2 cm

1 用消失筆在距離布邊2cm的位置做記號。

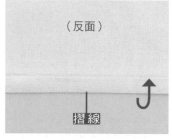

（反面）

摺線

2 將布邊反摺至對齊記號，用熨斗燙出摺痕。

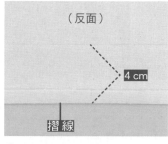

（反面）

4 cm

摺線

3 從摺線的部分算起，在反摺兩倍的位置做記號。例如上圖的摺幅2cm，就在距離布邊4cm的位置做記號。

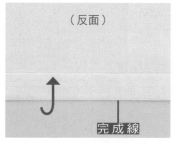

（反面）

完成線

4 將摺線反摺至對齊記號，用熨斗燙出摺痕。

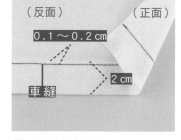

（反面）　　（正面）

0.1～0.2cm

車縫　　2 cm

5 在距離摺線0.1～0.2cm的位置車縫。

〈不同的摺法〉

三摺

第一道的摺幅比第二道稍微小一點，因此完成線與布邊不重疊，處理得乾淨俐落。

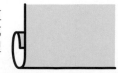

完全三摺

第一道的摺幅與第二道摺幅相同，成品的布邊比較厚，因此適用於透明度較高的薄布料。

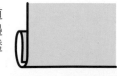

從完成線往內摺的三摺邊
（摺幅 2cm）

完成線上有記號的時候，在記號處用熨斗燙出摺痕，再將布邊往內摺。

1 在完成線上用消失筆做記號。

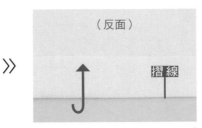

2 將布邊反摺到完成線的記號位置，用熨斗燙出摺痕。

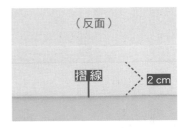

3 用消失筆在距離摺線2cm的位置做記號。

4 將記號的位置往內摺，用熨斗燙平折疊的部分。

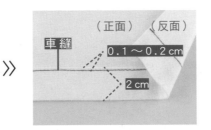

5 在距離摺線0.1～0.2cm的位置車縫。

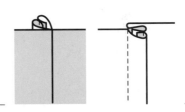

包邊縫
（幅寬 0.8cm）

縫份的幅寬較小，布邊也不會外露，完成時非常美觀，常用於手作包包時的包邊處理。

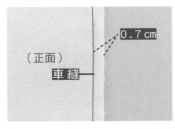

1 保留縫份1.5cm，裁切布料。將布的反面相對對齊，正面朝外，在距離布邊0.7cm的位置車縫。

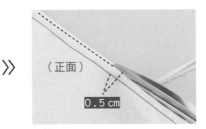

2 將縫份裁切成0.5cm。

3 打開布面，正面朝上，用熨斗將縫份分開壓平。

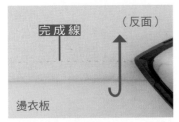

4 將布料翻到反面，其中一面往上摺，沿著縫線用熨斗燙平。

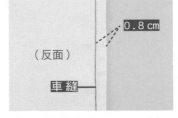

5 在距離摺線0.8cm的完成線位置車縫。

6 打開布面，用熨斗將縫份往任一邊燙平。

如何製作滾邊條

所謂滾邊條，意指裁下布邊呈45度斜角的布條用來包布邊，具有很好的伸縮性。

滾邊器

製作滾邊條的專用道具，可輕鬆將布條的兩邊摺好。

1 先調整布紋（請參考P14）。使用方格尺和切割墊，在與布紋呈45度正斜角的位置，在布面上畫線。

2 用滾輪刀裁切布面，裁成布條（請參考P97）。

3 裁好如上圖，請製作出需要的布條數量。

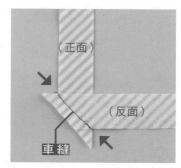

（正面）

（反面）

車縫

4 將兩條布以正面相對的方式疊在一起，如上圖對準箭頭位置，接縫邊緣。

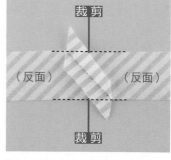

裁剪

（反面）　　（反面）

裁剪

5 用熨斗將縫份分開壓平，裁掉上下多餘的布料。

6 將布條穿過滾邊器，拉出來的布條兩邊會自動向內摺。

燙衣板

7 一點一點地拉出布條，同時用熨斗燙平摺痕。

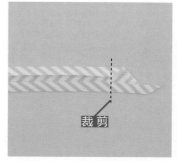

裁剪

8 將尾端裁剪成筆直狀，完成。

如何用滾邊條包邊
（直線滾邊）

成功的關鍵在於用熨斗確實壓出摺痕。如果擔心布條容易錯開，可先做疏縫處理（請參考P98）。

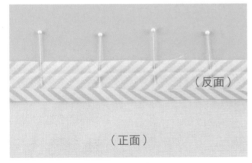

（反面）

（正面）

1 將布面和滾邊條的正面相對疊在一起，對齊布邊，並以珠針固定。

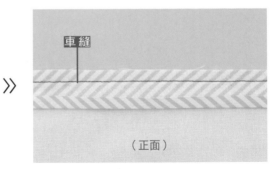

車縫

（正面）

2 車縫滾邊條摺痕的上方。

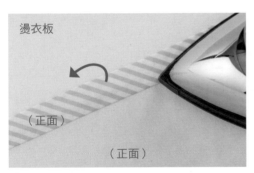

燙衣板

（正面）

（正面）

3 將滾邊條翻過來，從正面用熨斗燙平。

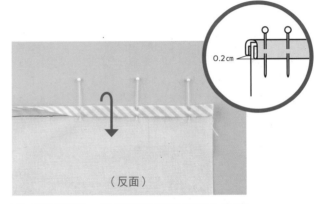

（反面）

0.2cm

4 翻回反面，用滾邊條包覆步驟 **2** 的縫線，在距離縫線0.2cm的位置，別上珠針。

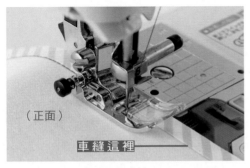

（正面）

車縫這裡

5 從正面車縫滾邊條的邊緣。此時，不要縫到滾邊條。

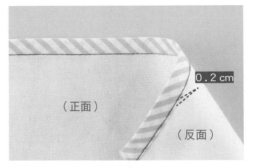

（正面）

0.2cm

（反面）

6 完成。滾邊條的正面沒有縫線，反面的滾邊條邊緣則有縫線。

如何用滾邊條包邊
（曲線滾邊）

車縫之前，先用熨斗沿著布的曲線壓平滾邊條，完成品會更漂亮。

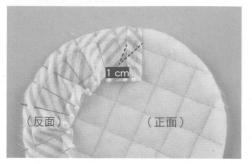

1 將布面和滾邊條的正面相對疊在一起，將布條的一端往回摺1cm，用珠針整齊且密集地固定好。

2 上圖是用珠針別好一圈的狀態。

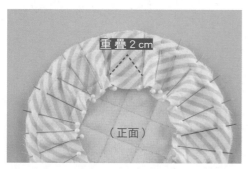

3 布條繞一圈後，最後端與步驟**1**的邊緣重疊2cm，裁剪滾邊條。

4 在滾邊條的摺痕上方車縫一整圈。

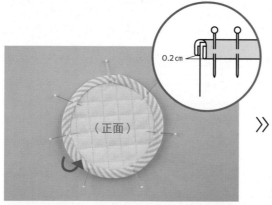

5 翻到反面，捲繞滾邊條以覆蓋步驟**4**的縫線，在距離縫線0.2cm的位置，別上珠針。

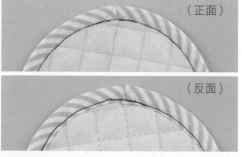

6 從正面車縫滾邊條的邊緣。此時，不要縫到滾邊條。滾邊條的正面沒有縫線，反面的滾邊條邊緣則有縫線。

車縫表面光滑的布料

車縫尼龍布等表面平滑的布料時，會有不易送布、難以車縫的情況，因此要與薄紙一起車縫。

※如使用底部具特殊材質貼片的鐵氟龍壓布腳，車縫時可以不用薄紙。

1 在布面上方鋪烘焙紙（或薄描圖紙），將布料與紙一起車縫。

2 沿著縫線撕掉烘焙紙。

3 另一邊也撕掉。

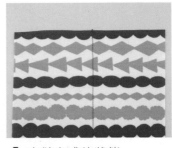

4 車縫完成的狀態。

車縫薄布料

車縫薄布料時，由於布邊容易綻線，縫份會過於透明，建議採用包邊縫。

※取縫份1.5cm，裁布。

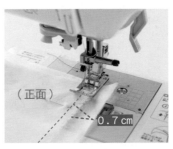

（正面）
0.7 cm

1 布料正面朝上，將布料與烘焙紙（或薄描圖紙）疊在一起並用珠針固定好，在距離布邊0.7cm的位置車縫。

（正面）

2 車縫結束後，撕掉烘焙紙（請參考上方「車縫表面光滑的布料步驟 **2**～**3**」），縫份統一裁成0.5cm。

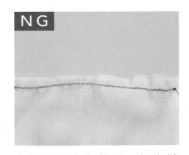

NG

上圖是沒有與薄紙一起車縫薄布料的情況。如果用鋸齒縫功能處理布邊，布面會捲起而導致緊縮，或是因為滑動而無法縫成直線。

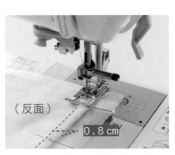

（反面）
0.8 cm

3 將縫份分開，反摺成正面朝內，用熨斗燙平，在距離摺線0.8cm的位置車縫。

（反面）

4 翻開布面，用熨斗將縫份往任一邊壓平。

局部車縫

衣服上的打褶、細褶、拉鍊以及口袋，都可以用縫紉機輕鬆完成，以下介紹初學者容易搞混的局部車縫技巧。不只是縫製衣服，對改造生活中的小物也很有幫助。

如何車縫打褶

將布料摺起來車縫的技巧。常出現在褲子、裙子的腰部，除了有修身效果，穿起來也更為舒適。

紙型記號

由左往右倒的單向活褶

由右往左倒的單向活褶

左右兩邊往中央倒的雙向活褶（又稱箱褶或盒褶）

單向活褶（由左往右倒）

（正面）

1 用消失筆在要打褶的位置做記號。

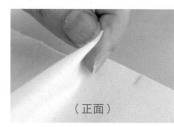
（正面）

2 抓起左邊記號的布料。

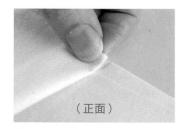
（正面）

3 對齊右邊的記號。

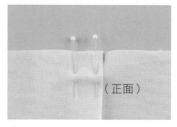
（正面）

4 用珠針固定好，以免錯位。

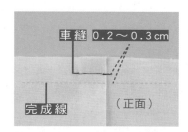
車縫 0.2～0.3cm
完成線
（正面）

5 在距離完成線0.2～0.3cm的位置，以較大的針距車縫。

單向活褶（由右往左倒）

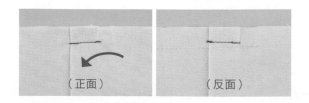
（正面）　　　（反面）

左右兩邊往中央倒的雙向活褶

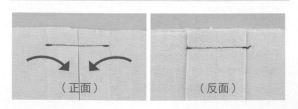
（正面）　　　（反面）

如何車縫細褶

意指把布面抓出數個小褶再車縫的技巧，常用於女性上衣或連身裙的裝飾。

紙型記號

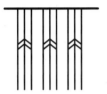

1 以正面朝外的狀態，做好細褶記號後用熨斗熨燙，所有的記號上都要壓出摺痕。

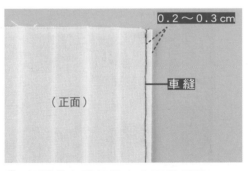

2 細褶的正面朝外，在距離摺線0.2～0.3cm的位置車縫。

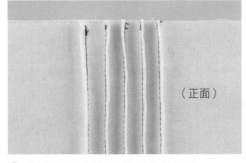

3 以相同的方式車縫所有的摺線。

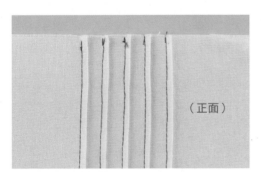

4 用熨斗把褶子往任一邊壓平。

5 從反面看的狀態。

如何車縫尖褶

一邊抓起布面一邊車縫，藉此打造出立體感的方法。車縫到尖褶的前端時不需倒車，直接將線打結收尾即可。

紙型記號

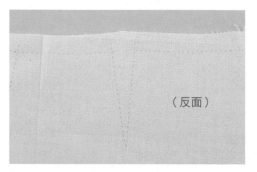

1 在布料反面標上尖褶的記號。

2 抓起兩端記號的布料，疊成正面朝內，對齊後別上珠針（請參考P17）。

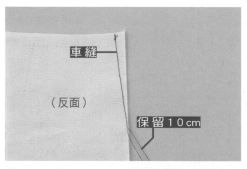

3 在尖褶由上往下車縫，縫到最下方時，不需倒車處理，縫線保留10cm，剪線。

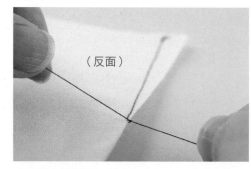

4 將尖褶的縫線用手打平結，打結時線不要拉太緊。

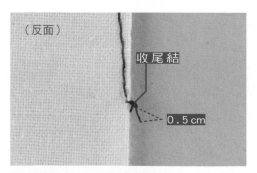

5 保留0.5cm的線頭，剪線。

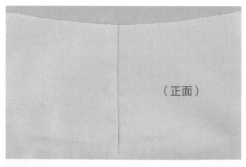

6 壓平尖褶，跟處理縫份一樣，用熨斗將尖褶往任一邊壓平。

如何抽皺褶

先用縮縫在布面上製作出皺褶再車縫的技巧，建議使用錐子，比較容易做出平均間隔的皺褶。

紙型記號

1 在布的反面做出需要抽皺褶的端點記號。

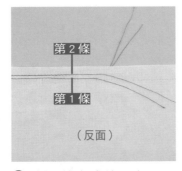

2 在距離完成線下方0.2～0.3cm的縫份側做第一條粗縫，再於下方約0.5cm的縫份側做第二條粗縫。開始車縫時先做倒車處理，結束車縫時需預留長一點的縫線。

3 同時抓起上線和下線，將兩股線一起往外拉線，形成細褶。

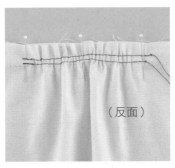

4 用錐子調整皺褶使間距均等，取另一塊布以正面相對的狀態疊在一起，別上珠針固定。

5 一邊用錐子按壓皺褶，一邊車縫。

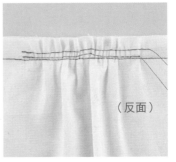

6 車縫完成的狀態。

7 翻回正面，一邊調整皺褶，一邊用熨斗燙平。

8 從正面看的狀態。

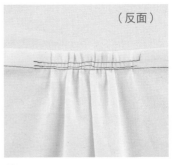

9 從反面看的狀態。

車縫穿繩的開口
（正面看得到穿繩位置）

製作束口袋等物品時需要穿繩，以下介紹如何製作可穿過繩子的開口。分為單側抽繩型與兩側抽繩型。

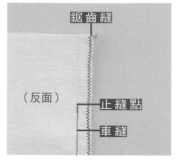

1 兩片布的布邊都以鋸齒縫處理，以正面相對的狀態疊在一起，車縫到止縫點（預計穿繩的位置）。開始與結束車縫時都需要倒車。

2 用熨斗將縫份分開壓平。

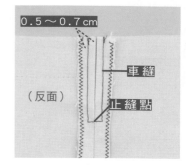

3 在穿繩口的縫份做出如上圖的車縫。

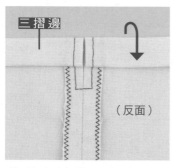

4 將上端做三摺邊處理（請參考P52～53）。

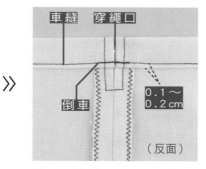

5 在距離三摺邊0.1～0.2cm的上方車縫一整圈，從這一端穿繩口車縫到另一端穿繩口。

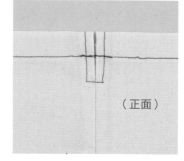

6 完成，圖為正面看起來的樣子。穿繩方法請參考P81。

如何測量需要的抽繩長度

單側抽繩型

束口袋的寬度×3

兩側抽繩型

束口袋的寬度×3×兩條

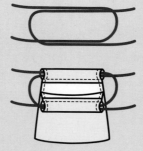

兩條繩子的穿繩法

第一條繩子從右側穿入、左側穿出，從對向側的穿繩開口左側進、右側出；第二條繩子從左側穿入、右側穿出，從對向側的穿繩開口右側進、左側出。第一條和第二條的順序顛倒也沒關係。

車縫穿鬆緊帶的開口
（正面看不到穿繩位置）

製作腰部是鬆緊帶的褲子或裙子時，經常使用這個縫製法，可以把穿繩的位置隱藏起來。

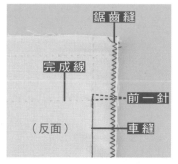

1 兩片布的布邊都以鋸齒縫處理，以正面相對的狀態疊在一起，車縫到完成線的前一針。開始與結束車縫時都需要倒車。

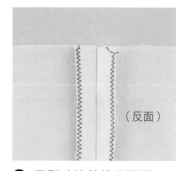

2 用熨斗將縫份分開壓平。

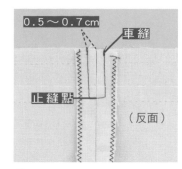

3 在穿鬆緊帶開口的縫份做出如上圖的車縫。

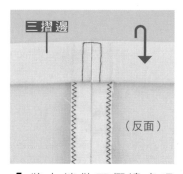

4 將上端做三摺邊處理（請參考P52～53）。

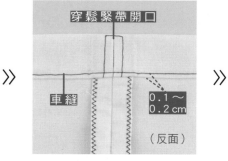

5 在距離三摺邊0.1～0.2cm的上方車縫一整圈。

6 完成。從正面看不到穿鬆緊帶的開口。穿鬆緊帶的方法請參考P81。

鬆緊帶尾端的處理

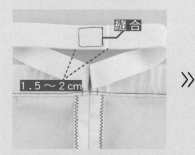

1 將鬆緊帶穿過穿繩口後，讓鬆緊帶的兩端重疊1.5～2cm後縫合固定。

2 鬆緊帶完全置入腰帶裡的樣子。

便利小工具！

快速穿帶器

緊緊夾住鬆緊帶後，穿入褲頭的穿繩口繞一圈，就能快速完成。

接縫蕾絲

在衣領或包包的邊緣等位置，在兩片布之間用蕾絲接縫處理的方法。

1 將蕾絲放在布的正面，對齊完成線後別上珠針。

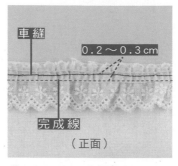

2 在距離完成線上方0.2～0.3cm的縫份車縫。

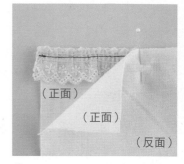

3 以正面相對的狀態疊上另一片布，對齊布邊後別上珠針。

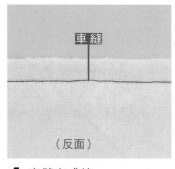

4 車縫完成線。

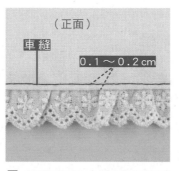

5 翻回正面，用熨斗整理壓平，在距離布邊0.1～0.2cm的位置車縫。

與單片布接縫的方法

將布與蕾絲以正面相對的狀態疊放，用珠針固定好（請參考步驟 **1**），車縫完成線。將縫份往布的方向壓下，用熨斗整理壓平，在距離布邊0.1～0.2cm的位置車縫（請參考步驟 **5**）。

拆線器的使用方法

縫錯的時候，可以使用拆線器快速去除縫線。

拆線器的尖端細長，可拆除剪刀無法處理的部分，十分便利的工具。

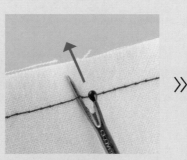

1 將前端插入線的下方，往前推即可將線裁斷。

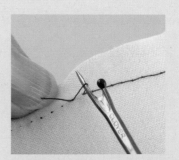

2 拆線器的前端也可用來鬆開縫線。

接縫滾邊條

用細長的布條包覆住布邊,常用於包包或小配件的邊緣裝飾,又稱為包邊條。

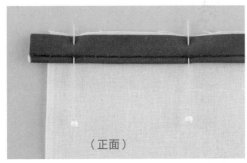

1 將滾邊條與布的正面相對,對齊滾邊條的縫線與完成線,用珠針固定好。

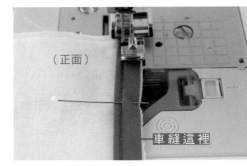

2 將壓布腳換成單邊壓布腳(請參考P47),在滾邊條的縫線上方車縫。

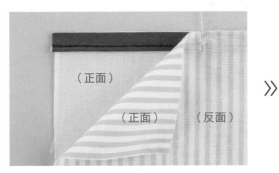

3 以正面相對的狀態疊上另一片布,對齊布邊後別上珠針。

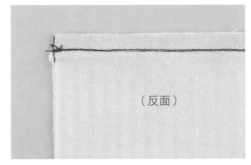

4 在步驟 **2** 的縫線上方車縫。

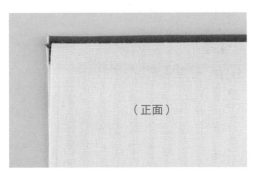

5 翻到正面,用熨斗整理壓平。

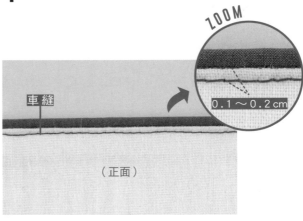

6 在距離布邊0.1~0.2cm的位置車縫。

車縫口袋

在包包的內袋或外套的胸前車縫一個口袋以增加實用性，讓日常生活更為便利。

1 除了布料上端，其他布邊全部以鋸齒縫處理。袋口做三摺邊處理（請參考P52～53）。

三摺邊
（反面）
鋸齒縫

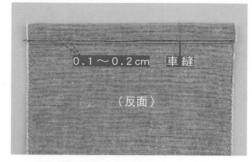

2 在距離三摺邊的摺線上方0.1～0.2cm的位置車縫。

0.1～0.2cm　車縫
（反面）

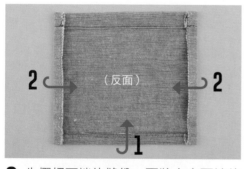

3 先摺好下端的縫份，再將左右兩端的縫份往內摺，用熨斗將縫份壓平。

（反面）

4 翻到正面，對齊接縫口袋的位置，用珠針固定。

（正面）
（正面）

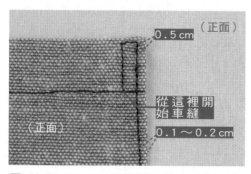

5 接縫口袋。開始車縫與結束車縫時都要倒車處理，轉角車縫成ㄇ字型或三角形，口袋會比較牢固。

0.5cm　（正面）
從這裡開始車縫
0.1～0.2cm
（正面）

6 車縫完成的狀態。

（正面）

〈 車縫口袋轉角的方法 〉

開始車縫與結束車縫口袋的位置，可能會因為常常施力拉扯而綻線，因此要縫成ㄇ字形或三角形，作為補強措施。

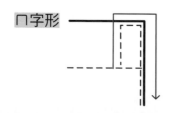

ㄇ字形

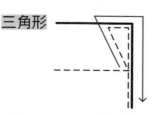

三角形

車縫包包的提把

直接使用市面上販售的帆布織帶接縫在包包上，就可以完成手提袋。

1 以布用接著劑塗在提把的裁切邊，預防綻線。

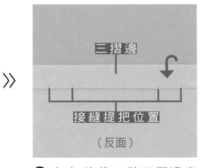

三摺邊

接縫提把位置

（反面）

2 包包的袋口做三摺邊處理（請參考P52〜53），在預計接縫提把的位置上做記號。

（反面）

3 在包包的袋口別上珠針，提把的部分也用珠針固定在包包接縫位置上。

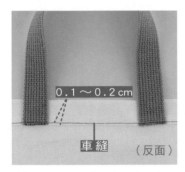

0.1〜0.2cm

車縫　（反面）

4 在距離三摺邊的摺線上方0.1〜0.2cm的位置車縫。

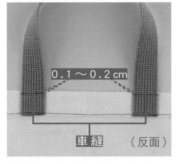

0.1〜0.2cm

車縫　（反面）

5 在距離包包袋口邊緣0.1〜0.2cm的位置車縫。

（反面）

6 車縫完成的狀態。

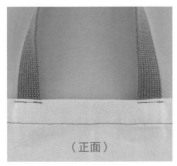

（正面）

7 從正面看的樣子。

讓提把更牢固的車縫法

經常使用包包或是提重物的時候，接合處如果能加強處理，提把會更牢固。

（反面）

依照步驟**1**〜**4**接縫好提把之後，如上圖加強車縫。開始車縫與結束車縫時都要倒車處理。

製作抽繩

自行裁布製作束口袋或抽繩褲的繩子。如果兩端的開口不縫合，也可用來當作包包的提把。

先折疊再車縫的做法　將縫份摺好之後，正面朝外對折再車縫。

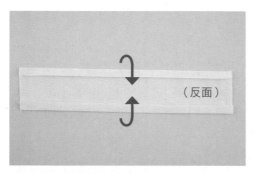

（反面）

1 用熨斗燙平較長的縫份。

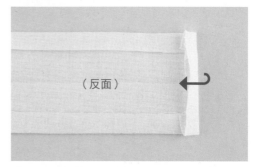

（反面）

2 用熨斗燙平兩端的縫份。

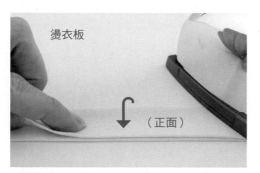

燙衣板

（正面）

3 反面朝內對折後，用熨斗燙平。

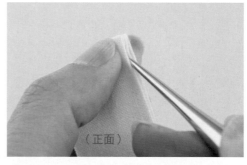

（正面）

4 用錐子將角落的縫份推到內側，形成漂亮的尖角。

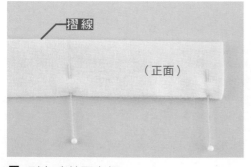

摺線

（正面）

5 別上珠針固定好。

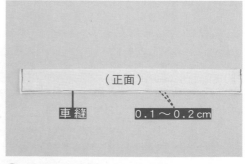

（正面）

車縫　　0.1～0.2cm

6 車縫除了摺線以外的三邊。

先車縫再翻面的做法　　留下返口先縫合三邊，翻回正面再將返口縫合。

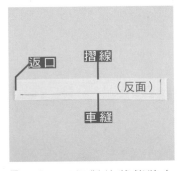

1 以正面相對的狀態將布對折，車縫完成線。其中一端需預留翻面的返口，不可車縫。

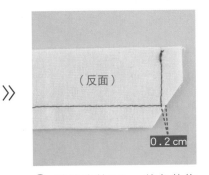

2 縫線往外0.2cm的角落位置，修剪成如上圖的三角形。

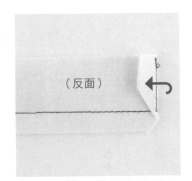

3 將短邊的縫份向內摺，用熨斗燙平。

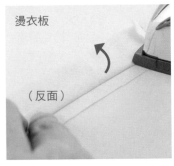

4 用熨斗的前端將長邊的縫份分開燙平。

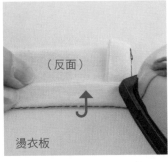

5 如上圖折疊角落的位置，用熨斗燙平。

6 從返口開始翻面，從角落開始往內側推入。

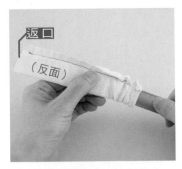

7 可以用尺或錐子輔助，將布翻回正面。

8 用錐子調整角落，使其形成漂亮的尖角。

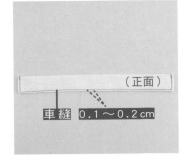

9 將返口的縫份往內側摺，車縫除了摺線以外的三邊。

拉鍊的種類

拉鍊依形狀和材質不同分為許多種類，請依照個人用途和設計自由靈活運用。

〈拉鍊的各部位名稱〉

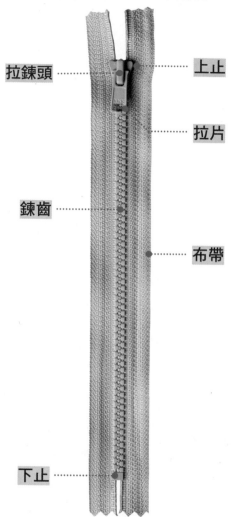

拉鍊頭 ········

上止

拉片

鍊齒 ········

布帶

下止 ········

〈拉鍊的種類〉

線圈拉鍊（閉口式）

最常見的款式。鍊齒為樹脂材質、呈線圈狀，重量較輕，適合用於薄布料。

閉口式　　開口式

塑鋼拉鍊

鍊齒為較硬的塑膠材質，橫向拉力強，適合用於包包或厚重夾克。開口式拉鍊底部無下止，拉鍊拉到底即可左右分開，常用於休閒服等衣著。

隱形拉鍊

鍊齒不外露的拉鍊，車縫後在服裝表面看不到痕跡。必須使用專用壓布腳車縫，常用於裙子或連身裙等服飾。

POINT

單邊壓布腳

只壓住單側的壓布腳，因此車縫時不會壓到拉鍊的鍊齒，可輕鬆車縫拉鍊的邊緣。

如何車縫拉鍊

以下示範閉口式塑鋼拉鍊的車縫方法，請先在縫紉機上安裝車縫拉鍊專用的單邊壓布腳。

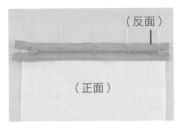

1 將布與拉鍊以正面相對的狀態疊在一起，對齊接縫位置後用珠針固定好。把縫紉機的壓布腳更換成單邊壓布腳。

2 將拉鍊頭往下拉到一半，在鍊齒的尾端邊緣下針。實際車縫的位置會因作品而異。

3 倒車之後再繼續往下車縫，縫到拉鍊頭前面時，維持針放下的狀態，停止車縫。

4 提起壓布腳，把拉鍊頭拉到車針的另一側，放下壓布腳後，繼續車縫到邊緣。

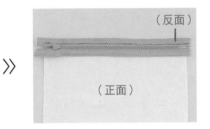

5 圖為車縫好單側拉鍊的狀態。

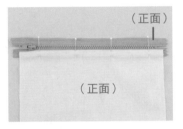

6 把拉鍊翻回正面，用珠針固定好。

7 將單邊壓布腳換到左側。拉鍊頭往下拉到一半，在距離布的摺線0.1～0.2cm的位置下針。

8 以與步驟 **3**～**4** 相同的順序車縫到邊緣。

9 車縫完成的狀態。

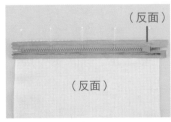

10 以正面相對的狀態疊上另一塊布，用珠針固定好。

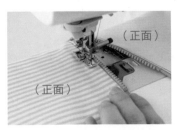

11 以與步驟 **2**～**8** 相同的順序車縫。

12 車縫完成的樣子。

我在北歐的
縫紉教室

「想與更多人分享縫紉的樂趣!」
生活在瑞典的日本裁縫師,
與你分享北歐的日常生活及縫紉作品。

我在北歐瑞典創立的縫紉教室「Syateljé Keiko Olsson」,至今已經邁向第11年了。剛開始成立時,只接受訂製和修改服飾等一般工作,每年逐步增加工作內容,現在的服務項目更加多元,包括設計作品、舉辦縫紉工作坊,我也會定期在 YouTube 上傳教學影片、出版手工藝書籍等等,積極從事各種與縫紉相關的活動。

左╱我的工作室位於市中心一個叫做「Trädgårdsföreninge」的地方,面對著一座綠意盎然的公園。右╱我的工作室是分租辦公室的其中一間,這裡有各行各業的創業者,在不同業種的良性刺激下,更能激發彼此的靈感與火花。

CHAPTER_04

日常生活中的縫紉應用

鈕扣、暗扣、裙鉤的縫法

說到縫鈕扣和裙鉤，感覺上大家都會，其實很多人根本都縫錯了。以下教你正確固定鈕扣的方法，不僅成品更加牢固，看起來也很美觀。

鈕扣的種類

根據不同的用途，鈕扣的種類也琳琅滿目，縫法也有些差異，因此請記住各種鈕扣的特徵。

雙孔鈕扣

常用在襯衫和洋裝的鈕扣。接縫方法簡單，與布之間的固定處很少，容易拆裝。

四孔鈕扣

和雙孔鈕扣一樣，常用於襯衫與洋裝。固定處比雙孔鈕扣多，比較穩定牢固。

單腳鈕扣

反面有扣腳可安裝在布上，縫線不會外露。不必在布面與鈕扣之間保留緩衝空間，可輕鬆縫好。

包扣

用布料或皮革包覆外側的鈕扣。不僅是洋裝，也可當作小配件的裝飾或點綴。照片中下方的兩個，是包覆布料之前的素面鈕扣。

支力鈕扣

在大衣或夾克外套上縫鈕扣時，在布料反面補強的小鈕扣。拆裝鈕扣需要施力時，可防止損傷到布料。

縫鈕扣時使用的縫線

建議使用20～30號線，比常用的50號線結實耐用。

鈕扣的基本縫法

粗線取1股，細線取2股（線的兩端併攏打結）。縫線穿過扣孔的次數，要視扣孔大小和縫線粗細而定，一般以2～3股的縫線穿過扣眼為參考值。在布與鈕扣之間要做出「線腳」，比較容易固定鈕扣，強度也會提升。

線腳

什麼是線腳？

在鈕扣與布料之間，做出與布料厚度相當的線圈。如果沒有留下線腳，鈕扣會陷進布裡，不只是外觀不太好看，拆裝鈕扣也不順手。

0.3cm
襯衫或洋裝

衣服的厚度+0.1cm
大衣或夾克

純裝飾的鈕扣

如何縫雙孔鈕扣

只要學會基本的雙孔鈕扣縫綴方法，就能應用在其他種類的鈕扣上。

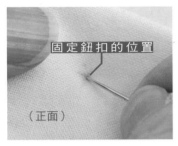

1 縫線穿針後打結，在要固定鈕扣的位置下針。

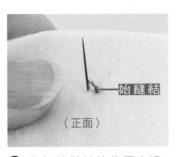

2 在打始縫結的位置旁邊，從反面出針。

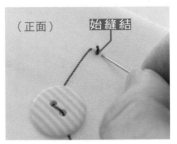

3 縫線穿過扣孔，在始縫結的附近下針。此時，要避免過度用力拉線。

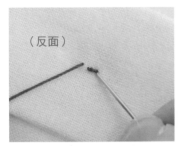

4 在與步驟 **2** 相同的位置下針，從正面穿出。

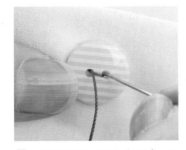

5 從鈕扣的扣孔出針，再從對面側的扣孔下針。

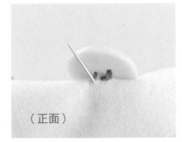

6 重複步驟 **4** ～ **5** 的動作，從正面出針。

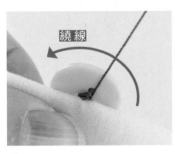

7 鈕扣稍微提高並在下方繞線，線腳的長度請參考P74。

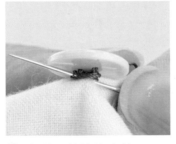

8 在線腳的邊緣出針。

9 打收尾結固定。

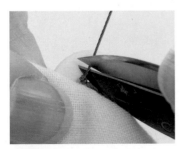

10 剪掉多餘的線。

11 完成。

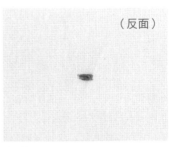

12 從反面看的狀態。

如何縫四孔鈕扣

若不看反面就直接下針的話，中心點容易移位，因此要確認每一針的位置，謹慎縫製。

（正面）

1 請參考P75的步驟 **1**～ **6**。和雙孔鈕扣相同，先用縫線穿過兩個扣孔。

2 剩下的兩個扣孔也以相同的方式穿線。

3 請參考P75的步驟 **7**～ **10**。在鈕扣下方以稍緊的力道繞線，並在線腳的邊緣出針，打收尾結後剪線。

4 完成。

（反面）

5 從反面看的狀態。

如何縫支力鈕扣

如果厚外套的鈕扣較大，只靠線來固定是不夠的，此時可在布料反面縫上支力鈕扣來加強固定。

（正面）

1 請參考P75的步驟 **1**～ **3**。和雙孔鈕扣相同，先用縫線穿過兩個扣孔。

（反面）

2 穿過支力鈕扣，從反面打結的附近出針。重複步驟 **1**～ **2** 的動作，每次縫線往反面穿出時，都要穿過支力鈕扣。

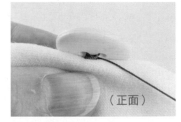
（正面）

3 請參考P75的步驟 **7**～ **8**。在鈕扣的下方出針，以稍緊的力道繞線，並在線腳的邊緣出針。

4 請參考P75的步驟 **9**～ **10**。在支力鈕扣的下方出針，打收尾結後剪線。

5 完成。

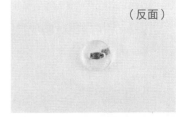
（反面）

6 從反面看的狀態。

如何縫單腳鈕扣

鈕扣的重量容易使縫線鬆脫，因此縫製時要仔細拉緊縫線。

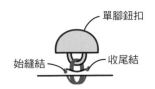

單腳鈕扣
始縫結　收尾結

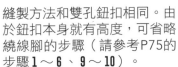

縫製方法和雙孔鈕扣相同。由於鈕扣本身就有高度，可省略繞線腳的步驟（請參考P75的步驟 1～6、9～10）。

縫鈕扣的訣竅

稍微費點工夫，不但能輕鬆縫好鈕扣，外觀和牢固程度也大不相同。

讓鈕扣更牢固的方法

繞好線腳之後，另外繞一個線圈收緊。如此一來，線腳可以牢牢固定，也比較容易打收尾結，因此鈕扣會更為牢固。

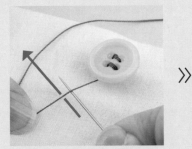

1 在鈕扣的下方繞好線之後，另外繞一個線圈，並從線的下方出針。

2 拉緊縫線，在線腳的邊緣出針，打收尾結。

輕鬆繞出線腳

如果還不熟悉繞線腳，很容易因為線拉得太緊而沒有繞線腳的空間，建議初學者在鈕扣與布面之間墊一根牙籤。如此一來，即可輕鬆做出約0.3cm的線腳。

牙籤

鈕扣的穿線方法

縫製四孔鈕扣時，不同的穿線方法，給人的印象也不同。平行穿線的方法比較牢固，但也可以將穿線方法換成「×」字形或「口」字形，或是使用不同顏色的縫線，享受自由搭配的樂趣。

如何縫暗扣

暗扣是由凹、凸兩個配件扣在一起的釦子。一般在縫暗扣時，上面為凸、下面為凹，不過並沒有硬性規定。

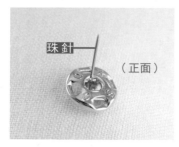

1 在要固定暗扣的位置反面穿出珠針，穿過凹扣中央的扣孔。

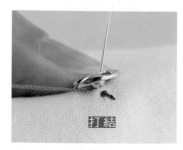

2 縫線穿針後打結，在暗扣的下面挑一針。

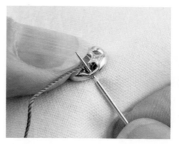

3 從正面下針，穿過布面後從暗扣的扣孔出針，拆掉步驟**1**的珠針。

4 將縫線繞成如上圖的線圈，將針穿過線圈的下方。

5 慢慢地把線拉緊。

6 重複步驟**3**～**5**的動作（次數視扣孔的大小而定），從旁邊的扣孔穿出針。

7 剩下的三個扣孔也以相同的方式縫好。

8 最後在暗扣下方挑起一小針。

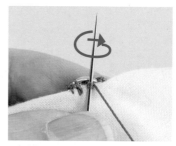

9 打收尾結。

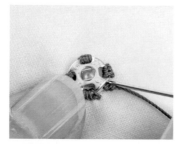

10 挑起暗扣下方的一點點布料，把收尾結藏在裡面，剪線。

11 完成的樣子。

12 凸扣也以相同的方法固定後即完成。

如何縫裙鉤

常用於裙子或褲子腰部的金屬製物件，公鉤與母鉤為一組。

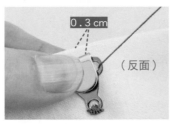

1 把公鉤放在距離布邊 0.3cm的反面，縫製方法與暗扣相同，往旁邊的扣孔穿出針（請參考P78 的步驟 **1**～**6**）。

2 剩下的扣孔也以相同的方式縫好，最後在邊緣打收尾結。

3 挑起公鉤下方的一點點布料，把收尾結藏在裡面，剪線。

4 母鉤也以相同的方法固定後即完成。

如何縫旗袍鉤

比裙鉤更小巧且容易隱藏，常用於領口開襟處或是拉鍊上端。

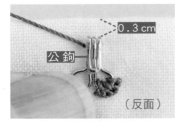

1 把公鉤放在距離布邊 0.3cm的反面，縫製方法與暗扣相同，（請參考 P78的步驟 **1**～**5**）。右下方縫好後，從鉤的左前方拉出縫線。

2 從右側挑一針，在左側出針。

3 把線拉緊，如此反覆進行三次左右。

4 左下方的扣孔也以相同的方式縫好。

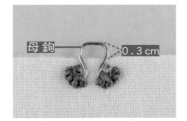

5 母鉤也以相同的方法固定後即完成。

6 公鉤和母鉤都縫好之後，布就可以如上圖連接在一起。

魔鬼氈的縫製方法

經常用於包包或服飾的便利接合工具。兩片一組，一片是摸起來比較刺的鉤面，另一片則是柔軟的毛面，可以輕鬆地貼合與拆開。

魔鬼氈的種類

魔鬼氈可大致區分成縫合型與背膠型兩大類，可視個人需要選擇。

縫合型
以車縫或手縫方式固定的款式，可以牢牢固定住，適合重複使用。

背膠型
反面為黏膠貼片，可以像貼紙一樣輕鬆黏貼固定住，可用於無法用針線縫合的物件上。

圓形背膠型
反面為黏膠貼片，形狀適合取代鈕扣，從手工藝到室內裝飾，應用範圍廣泛。

如何縫魔鬼氈

基本上，縫製時鉤面在上方、毛面在下方。建議使用頂針，在縫製過程時會比較輕鬆。

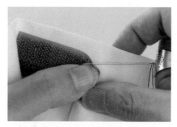

1 將魔鬼氈的鉤面對齊接縫位置，以珠針固定。縫線穿針後打結，從反面出針。

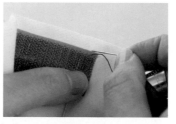

2 拉出縫線，在拉出的線正上方垂直下針。

3 由下往上出針。重複步驟 **2** ～ **3** 的動作，以立針縫縫製（請參考P25）。

4 四邊都以相同的方式固定完成。

5 毛面也同樣以立針縫的針法固定。

穿繩子和鬆緊帶的方法

準備繩子和鬆緊帶時，請準備比預計使用長度稍長的長度。只要懂得利用一些小道具，就能輕鬆更換褲頭的鬆緊帶，快速將鬆脫的繩子復原。

繩子與鬆緊帶的名稱

市面上可買到不同寬度的繩子和鬆緊帶，可依不同的設計及用途選購，也可以直接使用手邊現有的緞帶。

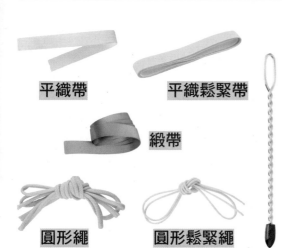

平織帶　平織鬆緊帶

緞帶

圓形繩　圓形鬆緊繩

穿繩器

夾式穿繩器（右）適用於平織帶和平織鬆緊帶，穿環式穿繩器（左）適用於圓形繩和圓形鬆緊繩。

POINT

用安全別針替代穿繩器

在距離帶子或繩子尾端5cm的位置，用安全別針固定，也能快速穿好繩子或鬆緊帶。

穿繩子和鬆緊帶

平織帶和平織鬆緊帶使用夾式穿繩器，圓形繩和圓形鬆緊繩使用穿環式穿繩器，即可輕鬆穿過去。

夾式穿繩器

1 拉起穿繩器上的套環，用前端夾住緞帶，再將套環放回原位，固定住緞帶。

2 將穿繩器放進穿繩口。

3 緞帶的另一端事先以夾子固定，可防止穿繩過程中，最尾端不小心一起跑進洞口。

4 一邊慢慢地推進布料，一邊穿過緞帶。

5 緞帶完全穿過去之後，拆下穿繩器和夾子，將兩端連結在一起。

穿環式穿繩器

將繩子穿過套環，將帶有珠子的一端放進穿繩口，一邊慢慢地推進布料，一邊穿過緞帶。

修改與縫補衣物

以下介紹改短褲長、修補磨損、縫綴姓名貼等，對生活有助益的技巧。稍微將舊衣加工，就能使用得更長久。

改短褲長

首先，以穿著鞋的狀態試穿，以決定長度。將下襬往上摺之後，用安全別針固定。

只要是沒有內襯、下襬幅寬為筆直型的長褲，皆可自行修改褲長。如果布料為彈性材質，請使用針織用的線與針。

1 將褲子翻面，在與下襬平行的完成線上，用粉土筆畫出記號。

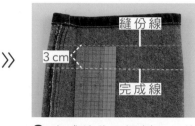

2 完成線往下襬側3cm的位置上，畫線做記號。

3 從下襬剪到步驟 2 的記號。

4 沿著步驟 2 的縫份線裁剪布料。

5 首先車縫兩側，以免側邊的縫份綻線。

6 在完成線做三摺邊，用熨斗燙平（請參考P52～53）。

7 別珠針固定。

8 從側邊部分開始，在距離摺線邊緣0.2cm的位置車縫，一邊車縫、一邊用錐子壓住有厚度的部分。

9 車縫完成的狀態。另一腳也以相同方式車縫。

修補下襬的綻線

下襬綻線的裙子或褲子，只要用星止縫固定，不論從正面或反面看，都幾乎看不出痕跡。

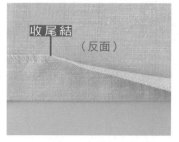

收尾結　（反面）

1 如果只是修補部分鬆脫的縫線，先在反面將鬆脫的線打結。

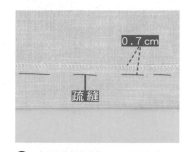

0.7cm

疏縫

2 在距離布邊0.7cm的位置疏縫（請參考P98）

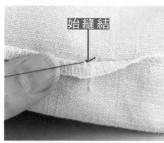

始縫結

3 縫線穿針後打始縫結，將縫份往外摺，在反面挑一針。

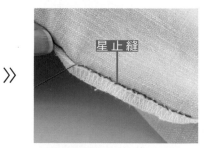

星止縫

4 一邊摺縫份，一邊在距離布邊0.5cm的位置做星止縫處理（請參考P26）。

（反面）

5 將往外摺的縫份復原後，縫份就看不見了。

（正面）

6 從正面看的狀態，幾乎看不到修補的痕跡。

使用布用接著劑，不用縫就能縮短褲長

如果家中沒有縫紉機，或是布太厚無法手縫時，建議使用「布用接著劑」。接著劑的使用方法十分簡單，下水清洗也不會脫落。

布用接著劑

1 將布用接著劑均勻塗抹在貼合部分的兩面。

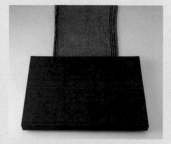

2 用手確實摺整齊，以紙鎮或重物壓住褲腳，即可緊緊貼住。

修補側邊裂開的縫線

只要一用力就容易裂開的側邊縫線，只要布面沒破損，用對針縫就能完美修補起來。

1 先確認布面是否有破損。

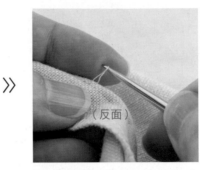

（反面）

2 用錐子把綻開的縫線往反面挑出。

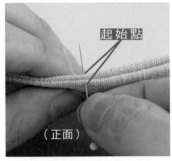

起始點

（正面）

3 將布料的摺線對齊，對準裂開的起始點，別上珠針。

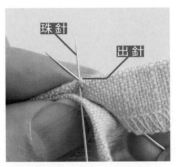

珠針　　出針

4 縫線穿針後打始縫結，在摺線的位置從由裡向外出針。

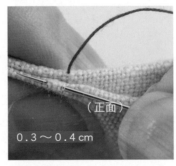

（正面）

0.3～0.4cm

5 拆下珠針，朝沒有露出縫線的摺線下針，挑起約0.3～0.4cm。

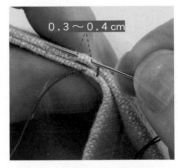

0.3～0.4 cm

6 抽出縫線後，朝對側的摺線下針，挑起約0.3～0.4cm的布出針。

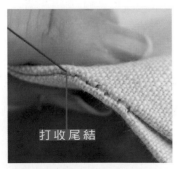

打收尾結

7 重複步驟 **5**～**6** 的動作，一直縫到起始點後，在摺線稍微靠近縫份的側邊打收尾結。

8 在布與布之間下針，將線輕輕往下拉，就能將收尾結藏在裡面。

（正面）

9 剪掉多餘的線頭，完成。

修補鈕扣下的破洞

用力拉扯鈕扣時不僅會讓鈕扣脫落，布面也可能會被勾破，此時只要修補布料再縫鈕扣，就能完美隱藏破洞。

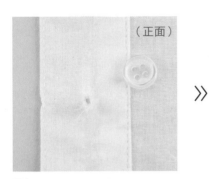

1 剪掉綻開的縫線。

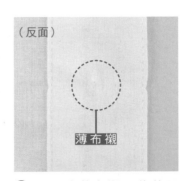

2 取一塊薄布襯，裁剪下比鈕扣大一圈的形狀，貼在破洞的反面（請參考P15）。

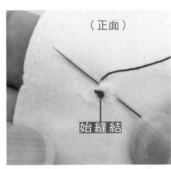

3 縫線穿針後打結。從正面破洞的中心下針，在破洞的外側出針，每一針的來回都要跨過破洞。

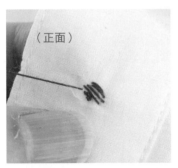

4 儘可能緊密地縫，把破洞補滿，不留任何縫隙。

5 破洞補滿的狀態。

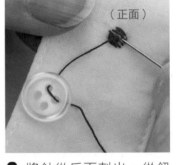

6 將針從反面刺出，從鈕扣反面的位置穿出，在破洞上方縫上鈕扣（請參考P75～77）。

7 打收尾結，剪線。

8 固定好鈕扣的樣子。

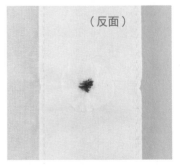

9 從反面看的狀態。

修補T恤領口的破洞

領口的綻線若置之不理，綻線的範圍會擴大，所以請在下水清洗前縫補完成。

領口綻開

領口的布邊以毛邊繡縫補後，再用全回針縫加強，就能修補得很漂亮。

1 從反面拉出綻開的線頭，在反面打收尾結。

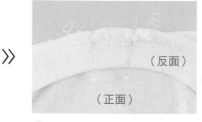

2 對齊領口與身片的布邊，以珠針固定。

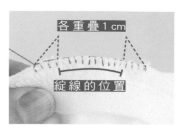

3 用毛邊繡修補布邊，從綻線處前1cm縫到綻線處後1cm的位置（請參考P34）。

4 完成後翻回正面，對齊領口與身片，以珠針固定。

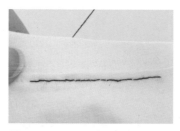

5 以全回針縫縫補綻線的位置（請參考P24）。

6 完成的樣子。

袖口綻開

袖口的綻線以全回針縫固定後，再用毛邊繡縫補布邊，就能將裂開的部分牢牢固定好。

1 從反面拉出綻開的線頭，在反面打收尾結。

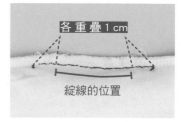

2 用全回針縫接合裂開的部分，從綻線處前1cm縫到綻線後1cm的位置（請參考P24）。

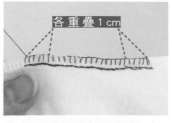

3 用毛邊繡修補布邊，在綻線處略前方的位置，縫補到綻線處略往後的位置（請參考P34）。

4 完成的樣子。

縫姓名貼

以下介紹接縫在制服上縫製姓名貼的方法，家裡有小朋友的媽媽們一定派得上用場。

使用布料

先用熨斗將布料的縫份往反面摺好壓平，再以立針縫處理。

1 先製作名牌：預留1cm的縫份，裁布。用油性筆寫上名字後翻面，將縫份往內摺，並用熨斗壓平。

2 在想要接上名牌的位置，用珠針固定。

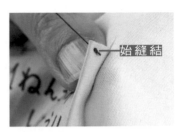

3 縫線穿針後打結，從布的反面出針。

4 以立針縫固定在布面上（請參考P25）。

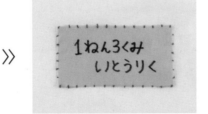

5 接縫在有彈性的衣服上時，注意縫線不要拉太緊。

6 完成的樣子。

使用熨燙貼

市面上可買到單面附背膠的熨燙貼。用熨斗燙貼之後，周圍以平針縫補強。

1 寫好名字後，將名牌放在想要黏貼的位置，以熨斗加熱接著。

2 在距離熨燙貼邊緣1cm的位置做記號。

3 縫線穿針後打始縫結，從布的反面入針，在記號的上方出針。

4 用平針縫固定在布面上（請參考P24）。

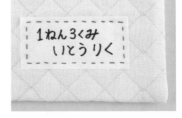

5 完成的樣子。

改造生活小物

平凡的包包或衣服，透過刺繡、接縫碎布等簡單加工，就能搖身一變成為獨一無二的作品，因為是親手製作的物品，一定會更加愛不釋手。

IDEA_1

環保袋

可手提、可肩背的萬用托特包。只要在袋口縫上鈕扣和鬆緊帶，就能變成方便收納的購物袋。

在鈕扣能通過的長度上打結

回針縫
（反面）

裁剪一段約30cm長的彩色鬆緊帶並對折，對齊鈕扣對向布料的內側中心，以回針縫縫合鬆緊帶的尾端，如此即可將鬆緊帶固定在布料上。

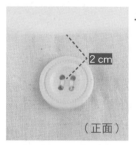
2 cm
（正面）

在包包袋口中心處往下2cm的位置上，縫上一個直徑2～3cm的四孔鈕扣。

使用方法1

袋口不會敞開！

當鬆緊帶的環通過鈕扣，即使袋子裝滿東西，袋口也不會敞開。

使用方法2

折疊後小巧不佔空間！

將包包折疊縮小體積，用鬆緊帶纏繞、套進鈕扣後固定，輕巧又攜帶方便。

IDEA_2

簡單的刺繡就能讓平凡無奇的 T 恤
變得不一樣！如果 T 恤的布料比較
薄，請先在反面貼上薄布襯。

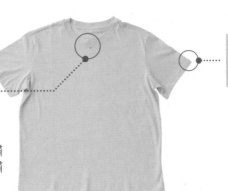

順著領口的曲線，自由繡
出愛心或幾何圖案。刺繡
針法請參考P28～39。

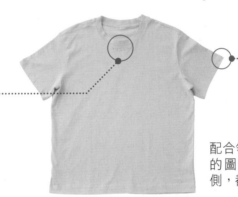

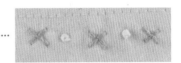

配合領口，袖口也繡出類似
的圖案，繡兩側或只繡單
側，都會成為搶眼的亮點。

IDEA_3

兒童襯衫

活用剩餘的鈕扣或碎布，讓這些
捨不得丟棄的材料，在襯衫上脫
胎換骨。

AFTER

更換口袋！

將原有的口袋縫線
拆掉，拆下的口袋
充當紙型，用鮮艷
的布料做出新的口
袋再接縫上去。

BEFORE

如果是初學者，建議
選擇容易處理的棉質
襯衫，使用二手衣等
便宜商品來練習，減
輕心理負擔。

AFTER

更換鈕扣！

將原有的鈕扣拆
下，全部換成色
彩不同的鈕扣。
在縫製鈕扣前，
先試著穿穿看鈕
扣的扣孔，以確
認尺寸合適。

用「歐式織補」
開啟永續環保生活

所謂「織補（Darning）」，是一種起源於歐洲的傳統縫補方法。
一般來說，進行織補需要使用「磨菇輔助器」。
以下教你只用手邊現有的器具，也能輕鬆織補的方法。

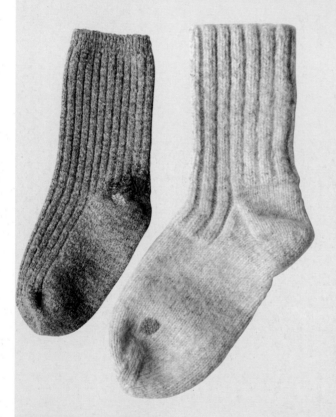

心愛的襪子或衣物破洞了，先別急著丟棄！只要利用簡單的修補，稍微花一點時間改造，就能賦予衣物全新樣貌。

使用的縫線為毛線或繡線。利用容器的蓋子、平坦的石頭，或是任何形狀偏圓、大小如手掌的物品皆可，墊在破洞的下方。

變化版

以不同的顏色緊密地縫上經紗（縱向）和緯紗（橫向），或是在周邊添加刺繡，可以自由發揮創意繡上喜歡的圖案。

HOW TO MAKE

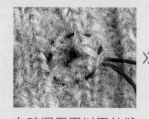

在破洞周圍以平針縫繞一圈，範圍比破洞略大，開始手縫的線要預留足夠長度。

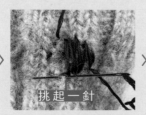

挑起一針

在平針縫的外側下針，在破洞的外側出針，每一針的來回都要跨過破洞，打造出經紗。

搭好經紗後，接著由右向左入針，像織布般地一條接一條地交互挑起經紗，打造出緯紗。

結束織補時，在反面做幾次回針縫，剪掉多餘的線頭。圖為完成的樣子。

CHAPTER_05

動手製作 6 個
生活小物

事先整布並調整好布紋後（請參考 P14），在裁布前要先製作分版圖。視作品的複雜程度，有些需要製作紙型，有些在布上畫線、做記號後直接裁剪即可。

▌分版圖

所謂分版圖，是先在紙上分配好需要使用到的布料，做為裁布參考。製作時，除了要確認布紋方向，也要注意圖案不可顛倒。

● 單位：cm ●（　）內是縫份，若無標記則為 1cm

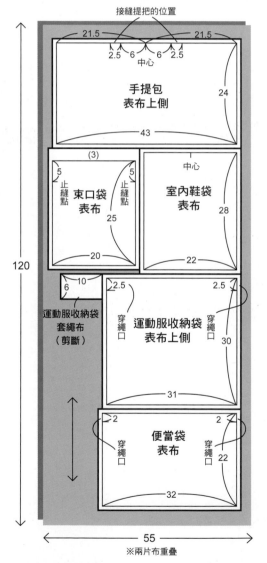

※兩片布重疊

雖然分版的基本原則是不要浪費布料，但必須注意布的材質與紋路。直線剪裁的作品，取布時要使用與直布紋平行的方向；需要對齊花樣的圖案，紙型務必要放置成相同的方向，請參考P94。

▌紙型

所謂紙型，是將服裝的各部位零件描繪在紙上並裁剪下來的紙片。將紙型重疊在布料上，在布面上描繪出線條後即可裁布。

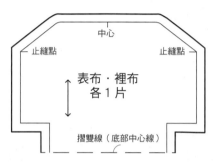

如果紙型為縮小版，需依照實際尺寸放大影印後再描繪，所有記號和文字都要標註在布面上。

▌紙型的記號與名稱

在分版圖和紙型上面，會出現以下專業記號，請先了解這些基本記號的意義。

完成線

作品的完成線

縫份線

位於完成線外側的裁剪線

摺雙線

將布對折時的摺痕線

直布紋

代表與布邊呈平行方向

車縫線

表示車縫或手縫位置的線

打褶記號

由左往右或由右往左折疊布面的記號

如何運用原寸紙型

請準備薄描圖紙（請參考 P7）、鉛筆、紙膠帶、方格尺以及紙鎮等工具。如果需要的紙型比較多，使用不同顏色的薄描圖紙會比較容易辨識。

製作紙型

原寸紙型可直接使用，如果是縮小版的紙型，請先放大影印至實際尺寸，再描繪在薄描圖紙上。

1 將薄描圖紙放在原寸紙型上，並以紙膠帶固定。

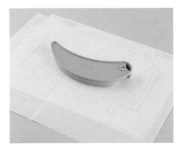

2 如果紙型比較大，用紙鎮壓平紙張，避免移位。

3 使用方格尺，用鉛筆依照紙型描繪出線條。

4 曲線的部分要一點一點地移動尺，仔細描繪。

5 在止縫點和中心等位置做記號。

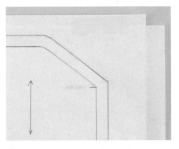

6 畫上直布紋的記號。

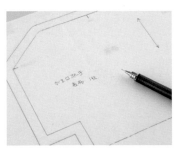

7 標註上各配件的名稱。

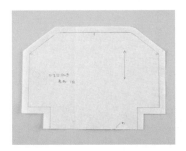

8 外側依照指定尺寸畫出縫份線，並沿著縫份線裁剪薄描圖紙。

對齊「摺雙線」的打版

事先整布並調整好布紋後（請參考P14），在工作台上攤開布面，使布紋呈筆直狀態。

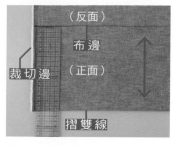

1 用尺量出紙型的幅寬，將布的裁切邊對齊，以正面朝外的狀態對折。

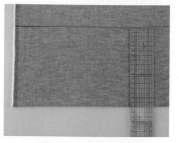

2 測量另一端的幅寬，折疊布面時，布邊要和摺雙線呈平行狀態。

3 疊上紙型時，布紋與紙型的直布紋朝同一個方向，對齊布與紙型的摺雙線，用紙鎮壓住固定，或是別上珠針。

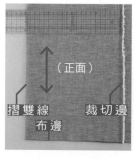
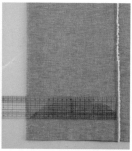

折疊繪製時

用尺量出紙型的幅寬，對齊布邊對折。測量另一端的幅寬，折疊布面時，布的裁切邊與摺雙線呈平行狀態。

分開繪製時

將布面攤開，布紋呈筆直狀態，放置紙型時，布紋與紙型上的直布紋要朝相同的方向對齊。

〈如何對齊花紋〉

使用格紋圖案或有特定方向的花紋布料時，在排紙型時要對齊花紋，使圖案具有連貫性。

格紋

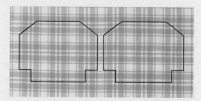

排列時，兩片布的花紋要完全相同。決定好中間線，以便看起來左右對稱，高度也要對齊。如果底部是摺雙線，則必須在底部剪開紙型，另外接上縫份，先從底部開始縫製。

NG

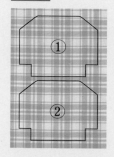
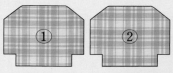

這種排列方式，在接縫側邊時，就會明顯看出兩片布的花紋不一樣。因此在垂直排列時，要以底部對齊花紋。

有特定方向的圖案

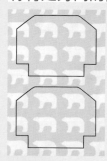

將兩片布朝相同方向排列。如果底部是摺雙線時，則必須在底部剪開紙型，另外接上縫份，先從底部開始縫製。

NG

摺雙線

以底部為摺雙線裁切的話，另一邊的花紋朝向會相反。

將紙型複印到布面上

對齊摺雙線的打版完成後，將布面以正面朝上的狀態對折，用雙面型複寫紙標示記號。

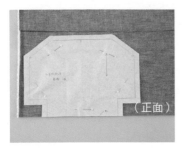

1 按照分版圖排列紙型，用珠針固定。

2 用粉土筆描繪紙型。

3 描繪長直線時，使用方格尺輔助。

4 一手壓著布面，一手裁剪布料，小心不要剪到紙型。

5 裁切下來的狀態。

6 在兩片布之間夾入雙面型複寫紙。

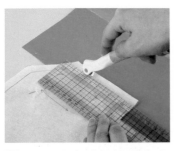

7 用描線滾輪器按壓出完成線，長直線的部分可用方格尺輔助。

8 止縫點和中心等，也要按壓出記號。

9 拆下珠針，取出紙型。

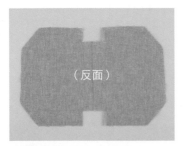

10 從反面看的狀態。

自行製作紙型

直線剪裁即可完成的物件，可量好尺寸後直接在布上畫線。不過，如果要重複製作相同的物件，製作紙型會更有效率。

▌尺寸圖

所謂尺寸圖，即標示製作物品長、寬、高等大小的的圖案。有尺寸圖當作藍本，即可開始裁剪各配件。

外側的線為縫份線（裁布的位置），內側的線為完成線（縫紉的位置）。箭頭記號代表直布紋，代表與布邊呈平行方向。

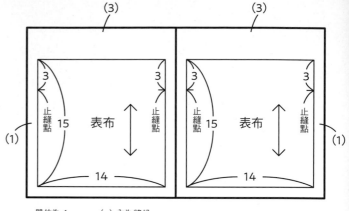

（3）　　　　　（3）

3　　　3　　　3　　　3

止縫點　15　表布　止縫點　（1）

止縫點　15　表布　止縫點　（1）

14　　　14

・單位為1cm　・（ ）內為縫份

直接在布面上做記號

由於要直接在布面上畫線，所以務必先調整好布紋。使用方格尺畫直線會更方便。

1 方格尺與布的裁切邊呈平行，依照尺寸圖畫垂直線。

》

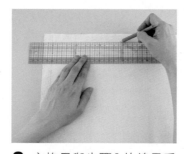

2 方格尺與步驟**1**的線呈垂直，畫出橫向線。一邊參考分版圖，一邊繼續畫線。

》

3 描繪完縫份線的狀態。

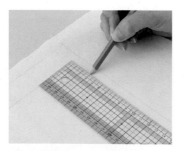

4 將方格尺的位置與縫份線呈平行，描繪完成線。

》

5 製圖完成的樣子。

裁布的方法

使用剪布專用的大剪刀，沿著縫份線裁剪布料。不必拿起布面，將刀刃以垂直角度裁剪，另一隻手在旁邊協助，以確保裁布時不會移位。

 》  》

1 布剪下方的刀片抵著工作台，以垂直桌面的角度裁剪，一手壓著布面，一手將刀刃大大地打開進行裁剪。

2 裁剪轉角時，要剪到縫份線往前0.5cm的位置。

3 將布轉向後，繼續裁剪。

NG

在裁布過程中，如果將剪刀的雙刃完全閉起，容易造成縫份的高低差異。

NG

拿起布面剪裁時，布很容易錯位。

使用滾輪刀

滾輪刀

裁切斜布條等細長狀布料時，使用滾輪刀會比較方便。在布面的下方墊上切割墊，放置方格尺對齊，滾輪刀和布面呈垂直，由後方往身體的方向滑動。如果要切割曲線，請選用刀刃較小的款式。

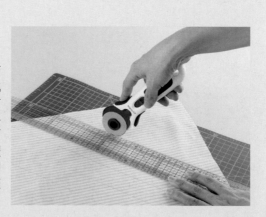

疏縫的方法

在正式進行縫紉之前，為了防止對齊的布面位置跑掉，會進行暫時性的「假縫」。尤其是在接合厚布料或縫曲線時，先做疏縫會讓成品更漂亮。

開始疏縫

請使用疏縫專用線。進行疏縫時，不需要縫得太整齊，避開完成線，隨意縫幾針固定即可。

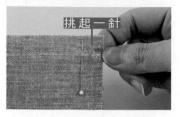

1 疏縫線穿針後，不需打始縫結，在完成線稍微往上的位置挑起一針（針距約0.2～0.3cm）。

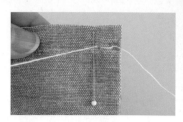

2 做一次回針縫。

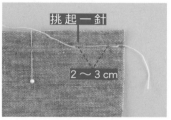

3 在往前2～3cm的位置挑起一針，空出一個針距，繼續往下縫。

4 最後做一個小的回針縫即可，不需打收尾結。

〈疏縫線的處理方法〉

疏縫線會以「麻花捲」的狀態整束販售，使用前必須稍做整理。

IDEA_1

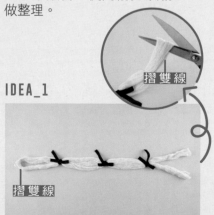

取下標籤後，把原先捲起來的線拉直，用繩子或緞帶在3～4處綁起來固定。用剪刀剪斷一邊的摺雙線。使用的時候，從原本摺雙線的位置一股接一股地抽出。

IDEA_2

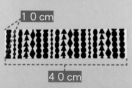

1 將布翻面，把疏縫線放在布面上。

2 從布邊開始捲布。

3 用紙膠帶固定住捲起來的布條。

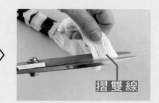

4 用剪刀剪斷一邊的摺雙線。

縫紉專業術語彙整

以下精選出26個縫紉時常見的專業術語。如果遇到看不太懂意思的詞彙，請在這裡查詢看看。

【始縫結】開始手縫的時候，為了防止縫線脫落所打的結（請參考P21）。

【收尾結】結束手縫的時候，為了防止縫好的線鬆脫所打的結（請參考P23）。

【止縫點】表示「縫到這裡」，也就是車縫或手縫的結束位置。

【整布】矯正布的歪斜狀態，調整成經紗與緯紗呈垂直交叉的過程。

【下水預縮】新買的布料泡常溫水後再晾乾，以避免布料掉色或變形（請參考P14）。

【防燙墊布】使用熨斗時，為了保護布料而疊在上面熨燙的布料。

【布襯】貼在布料上，讓布料更硬挺的輔助織品（請參考P15）

【線腳】在鈕扣與布料之間，做出相當厚度的線圈，以當作緩衝（請參考P74）。

【縫線張力】縫紉機的上線與下線互相拉扯的力道（請參考P48）。

【倒車】使用縫紉機車縫時，為了預防縫好的線鬆脫，在開始和結尾都需要反方向車回去1cm左右。

【疏縫】正式進行縫紉之前，為了防止對齊的布面位置跑掉所做的的「假縫」（請參考P98）。

【返口】接縫布料時，為了翻回正面而預留的開口。

【鎖布邊】為了預防布邊綻線，用車縫或手縫固定住布料，使其不產生毛邊。

【滾邊條】以45度斜角裁剪的帶狀布面，用來包覆布邊（請參考P54）。

【包邊】用滾邊條包覆布邊的方法（請參考P55～56）。

【針距】縫一針的距離，通常指正面看到的縫線狀態。

【打褶】折疊布面以做出摺痕的方法。

【褶子】將布料折疊所做出的皺褶（請參考P58）。

【尖褶】抓起布面縫出三角形，打造出立體感的方法（請參考P60）。

【抽皺褶】利用縮縫，在布面上製作出連續皺褶的打摺法（請參考P61）。

【縫份】縫合布料時縫進去的部分，在完成線外側預留的位置。

【開縫份】將縫份完全往兩側攤開的狀態（請參考P15）。

【倒縫份】將縫份往其中一邊倒下的狀態（請參考P15）。

【剪口】在布邊用剪刀剪開的小缺口。接縫時，為防止錯位而標上的記號。

【底襯】為增加布料的耐用度而當作補強的布料，常用於增加包包底部的厚度與深度。

【摺雙線】需要對折布料後裁切的線，常見於上衣或裙子的前後中心線。

雙層方形上課包

完成尺寸（本體）● 高23╳寬21cm

可手提、可肩背，又可以放很多東西的大容量布包，

上班族或學生都適用，出門前隨手一拿就出發。

製作方法很簡單，10分鐘就能完成！

材料

- ●表布 … 寬55×長30cm
- ●裡布 … 寬55×長30cm
- ●提把布 … 寬20×長30cm
  （如直接購買市售提把，則需要
  寬2×長27cm×2條）
- ●標籤用緞帶 … 寬2.5×長5cm

準備

表布、裡布、提把布
依照分版圖連同縫份
一起裁下（請參考
P96～97）。在預計
接合提把的位置上做
記號。

分版圖

・單位為cm ・縫份全部為1cm

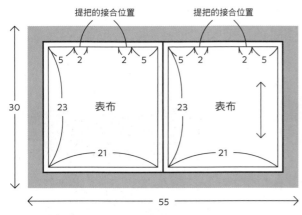

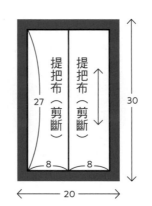

提把的接合位置　　提把的接合位置

5　2　　2　5　　5　2　　2　5

30　23　表布　　23　表布

21　　　21

55

提把布（剪斷）　提把布（剪斷）

27　　　　　30

8　8

20

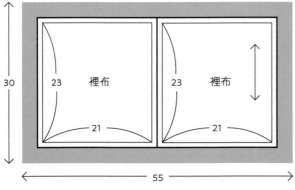

30　23　裡布　　23　裡布

21　　　21

55

必要配件

- ●表布 … 2片
- ●裡布 … 2片
- ●提把布 … 2片

製作順序

〈正面〉　〈反面〉

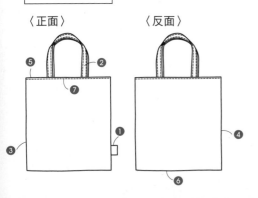

❶ 接縫標籤
❷ 製作提把並接合
❸、❹ 車縫側邊與底部
❺ 車縫袋口
❻ 關閉返口
❼ 完成袋口

變化版

若直接購買市售皮帶或壓
克力帶當作提把，可省略
P102的步驟 **3** ～ **5**。建議
選擇有設計感的材質或顏
色，當作設計亮點。

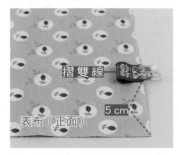

1 將標籤用緞帶對折，摺雙線朝向內側，對齊下端往上5cm的位置，以夾子固定。

2 在距離邊緣0.5cm的位置車縫。

3 將提把布的兩端朝向中央摺，用熨斗燙平。

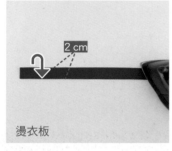

4 再對折成一半，用熨斗燙平。

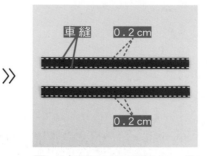

5 分別從距離兩邊0.2cm的位置車縫，再重複步驟3～4的動作，縫製另一條相同的帶子。

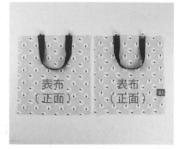

6 在接合提把的位置放上車縫好的提帶，避免提把扭曲，以夾子固定。

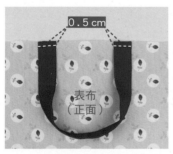

7 在距離上端往下0.5cm的四個位置車縫。

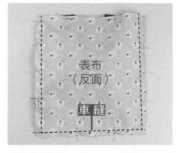

8 將步驟7以正面相對的狀態對齊並別上珠針，車縫袋口以外的三邊。

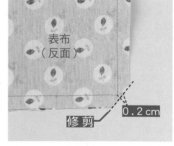

9 在距離縫線0.2cm的位置，修剪袋角的布料如上圖，另一邊也以相同的方式處理。

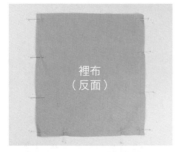

10 以正面相對的狀態疊放內袋，以珠針固定。

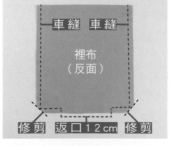

11 返口預留12cm，車縫袋口以外的三邊後，如步驟9修剪袋角。

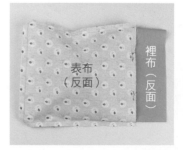

12 將裡布翻回正面，將裡布以正面相對的狀態，放進表布裡面並對齊。

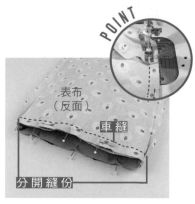

13 表布和裡布的上端與側邊對齊，以珠針固定。

14 依序在中央、兩端和周圍別上珠針（請參考P16）。

15 沿著袋口車縫一整圈以固定內袋和外袋，將側邊的縫份分開。

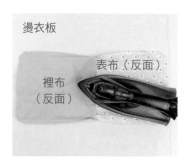

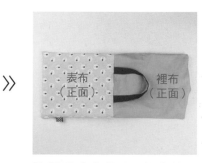

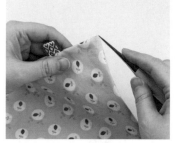

16 拉出裡布，將步驟15的縫份往表布側壓平，再用熨斗整理。

17 將表布從返口拉出並翻回正面。

18 從正面將錐子插入表布的接縫處，調整出工整的袋角。

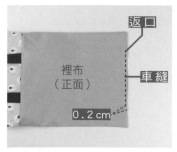

19 將返口的縫份往內側摺，在距離邊緣0.2cm的位置車縫。也可以用對針縫收尾（請參考P27）。

20 將裡布放進表布。

21 拉出提把，將裡布上端往內側收0.1cm，用拇指緊壓開口的接縫處，把縫線藏在裡面。

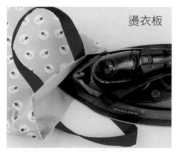

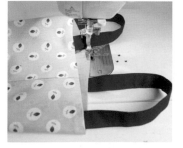

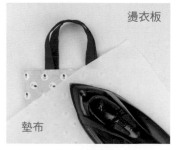

22 用熨斗從袋口往裡面推進，一邊壓平上端、一邊調整形狀。

23 在距離袋口0.2cm的位置，車縫外袋袋口一整圈。

24 蓋上防燙墊布，用熨斗燙平整個袋子並調整形狀，完成。

手提雙面束口袋

完成尺寸（本體）●高23×寬34×底14cm

將抽繩用力拉緊，束口袋的袋口就會呈現可愛的波浪狀。
因為正反兩面都可使用，因此裡布也要挑選可愛的布料，
視當天心情選擇使用哪一面的花樣。

材料

- ●表布 … 寬80×長40cm
- ●裡布 … 寬80×長40cm
- ●抽繩（直徑0.5cm）… 84cm×2條

準備

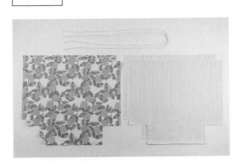

表布、裡布依照分版圖連同縫份一起裁下（請參照Ｐ96～97），並在穿繩口上端的中心點做記號。

分版圖

・單位為 cm ・縫份全部為 1cm

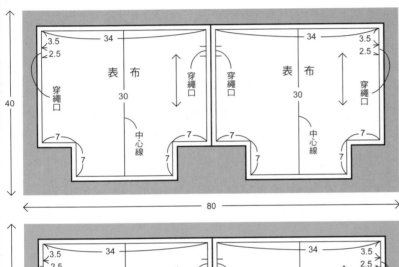

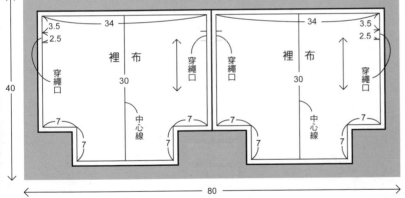

必要配件

- ●表布…2 片
- ●裡布…2 片

製作順序

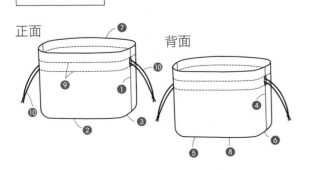

正面　背面

❶ 車縫側邊
❷ 車縫底部
❸ 車縫底襠
❹ 車縫側邊
❺ 車縫底部
❻ 車縫底襠
❼ 車縫袋口
❽ 關閉返口
❾ 車縫穿繩口的上下方
❿ 穿繩子

變化版

可以在繩子的尾端接上吊飾，或是將綁在一起的繩尾鬆開成流蘇狀。

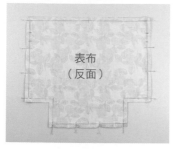

1 將表布以正面相對的狀態疊在一起，以珠針固定側邊和底部。

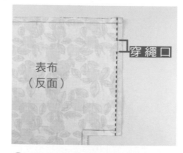

2 預留左右兩側的穿繩口，車縫側邊的完成線。

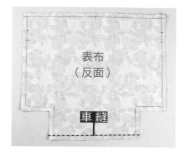

3 車縫底部。

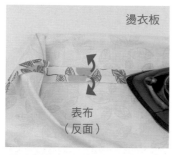

4 用熨斗將側邊與底部的縫份分開。

5 以正面相對的狀態，用珠針固定側邊與底部。

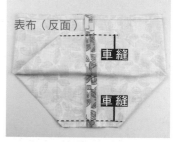

6 車縫袋底兩側的完成線，另一邊也以相同的方式車縫。

7 將袋底的縫份往底側壓平，再用熨斗整理。

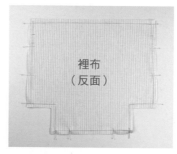

8 將裡布以正面相對的狀態對疊在一起，以珠針固定側邊與底部。

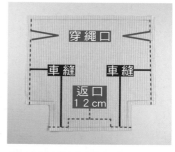

9 預留上方的穿繩口以及下方的返口，車縫側邊與底部的完成線。

10 用熨斗將側邊與底部的縫份分開。

11 車縫袋底的完成線（請參考步驟 **5~6**），用熨斗將縫份往底側壓平。

12 裡布翻回正面，將裡布以正面相對的狀態，放進表布之中並對齊。

裡布
（反面）

表布
（反面）

13 表布和裡布的上端與側邊對齊，以珠針固定。

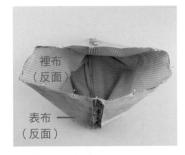

裡布
（反面）

表布——
（反面）

14 依序在中央、兩端和周圍別上珠針（請參考P16）。

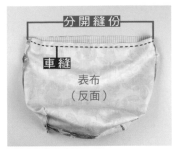

分開縫份

車縫

表布
（反面）

15 沿著袋口車縫一整圈以固定內袋和外袋，將側邊的縫份分開。

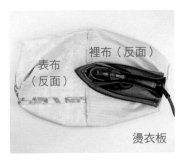

表布
（反面）

裡布（反面）

燙衣板

16 拉出裡布，將步驟15的縫份往表布側壓平，再用熨斗整理。

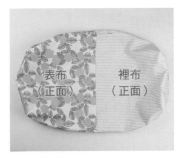

表布
（正面）

裡布
（正面）

17 將表布從返口拉出並翻回正面。

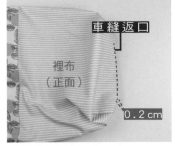

車縫返口

裡布
（正面）

0.2 cm

18 將返口的縫份往內側摺，在距離邊緣0.2cm的位置車縫。

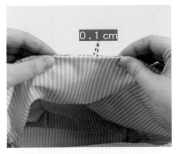

0.1 cm

19 把裡布放進表布。將裡布上端往內側收0.1cm，用拇指緊壓開口的接縫處，把縫線藏在裡面。

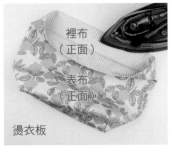

裡布
（正面）

表布
（正面）

燙衣板

20 用熨斗從袋口往裡面推進，一邊壓平上端、一邊調整形狀，避免從正面看到內袋。

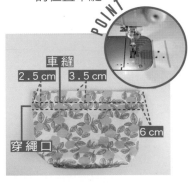

POINT

車縫

2.5 cm　3.5 cm

6 cm

穿繩口

21 在距離縫線3.5cm與6cm的位置，貼紙膠帶做記號（請參考P49），車縫穿繩口。

22 從穿繩口穿過兩條繩子（請參考P62、P81）。

打結

23 穿好後將繩子的兩端打結，完成。

翻面使用時

袋子翻面後，把繩子的繩結從穿繩口拉出來。

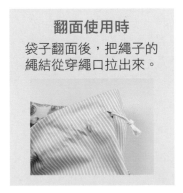

復古和風口金包

完成尺寸（本體）●高12×寬17×底7cm

看起來難度很高的口金包，其實只要備齊材料就能輕鬆完成！

小巧的尺寸剛好可以收納化妝品和日常小配件。

若選擇色彩鮮艷的裡布，每次打開口金包都會有好心情！

材料

- 表布 … 寬30×長40cm
- 裡布 … 寬30×長40cm
- 薄布襯 … 寬30×長40cm
- 口金（方型）
  … 高6×寬13.5cm
- 牛皮紙繩 … 27cm×2條

〈安裝口金的工具〉
- 大一點的夾子
  （可用晾衣夾替代）
- 錐子（或專用的嵌入工具）
- 接著劑（布與金屬專用款）
- 鉗子
- 墊布
- 牙籤

準備

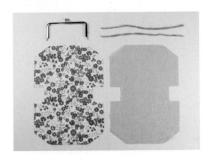

將P113的紙型描繪在薄描圖紙上（請參考P93）。只在表布上貼薄布襯，將表布與裡布對齊紙型裁下（請參考P94、P97）。分別以布用複寫紙在表布與裡布上畫出完成線並標註中心、止縫點和返口等記號（請參考P95）。

將牛皮紙繩的捻線鬆開攤平後，再輕輕地捲回去。進行P112的步驟 **32** 時，如果因為布太厚而無法將紙繩塞入，可將紙繩攤開並稍微剪掉一些，藉此調整紙繩的粗細。

分版圖

· 單位為 cm · 縫份全部為1cm

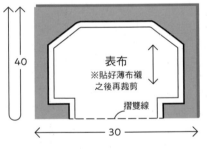

40

表布
※貼好薄布襯
之後再裁剪

摺雙線

30

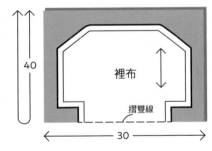

40

裡布

摺雙線

30

必要配件

- 表布 … 1片
- 裡布 … 1片

製作順序

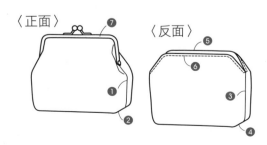

〈正面〉　　〈反面〉

❶ 接縫側邊
❷ 接縫袋底
❸ 接縫側邊
❹ 接縫袋底
❺ 接縫袋口
❻ 完成袋口
❼ 安裝口金

變化版

若用厚布襯取代薄布襯，成品會比較厚實且膨鬆，給人不同的印象。

1 將表布以正面相對的狀態疊在一起，以珠針固定側邊到止縫點。

2 車縫止縫點到側邊下端的完成線。

3 用拇指緊壓側邊的接縫處，分開兩側的縫份。

4 對齊側邊線與底部的中心線（即摺雙線），以珠針固定袋底。

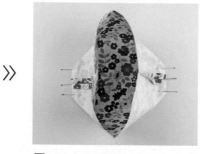

5 另一邊也用相同的方式以珠針固定。

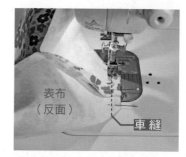

6 車縫袋底左右兩側的完成線。

7 將袋底的縫份往底側壓平，用熨斗整理。

8 另一邊也以相同的方式壓平縫份。

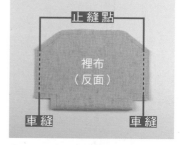

9 與步驟 1～2 相同，裡布以正面相對的狀態疊在一起，車縫側邊的完成線到止縫點。

10 用拇指緊壓側邊的接縫處，分開兩側的縫份。

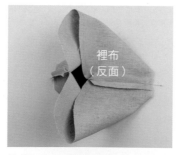

11 對齊側邊線與底部的中心線（即摺雙線），以珠針固定袋底。

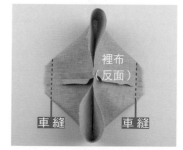

12 另一邊也用相同的方式以珠針固定，車縫袋底的完成線。

13 與步驟 **7～8** 相同，將袋底的縫份往底側壓平，用熨斗整理。

14 裡布翻回正面，將裡布以正面相對的狀態，放進表布之中並對齊。

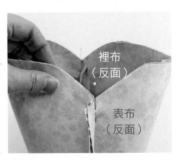

15 將表布與裡布的止縫點對齊，以珠針固定。

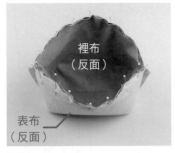

16 依序在中央、兩端和周圍別上珠針（請參考P16）。

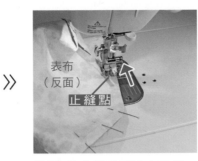

17 從止縫點開始車縫袋口。此時，側邊的縫份不縫，往箭頭的方向壓平。

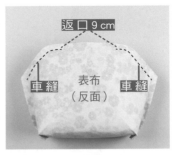

18 其中一側的袋口留下9cm的返口，其餘的部分都要車縫。

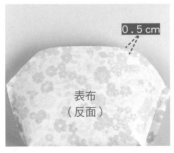

19 將袋口的縫份修剪到剩下0.5cm。

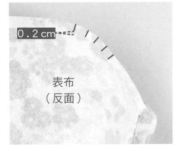

20 袋口的曲線部分，在距離縫線往外0.2cm的位置做出5個剪口。

21 從返口將整個袋子翻回正面。

22 把裡布放進表布。用拇指緊壓開口的接縫處，把縫線藏在裡面。

23 將返口的縫份往內側收0.1cm，用熨斗將上端繞一圈壓平。

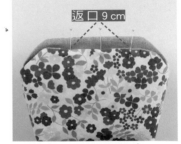

24 在返口別上珠針。

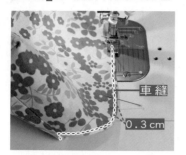

25 一邊關閉返口，一邊在距離邊緣0.3cm的位置車縫一整圈。

26 車縫完成的狀態。

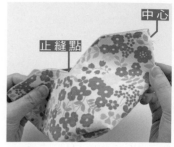

27 對齊左右兩邊的止縫點，對折以決定中心。

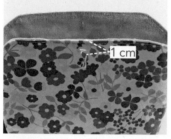

28 從中心往下1cm的位置，用疏縫線做記號。

29 打開口金，在一邊的口金內側塗上接著劑，可使用牙籤協助塗抹。

30 對齊布包與口金的中心，將袋口的上端從中心開始嵌入口金。

31 上端全部嵌入後，用晾衣夾或夾子等，固定口金與布包。

32 從右端嵌入紙繩。用錐子或專用工具將紙繩塞入口金的溝槽裡。

33 繼續將紙繩嵌入到口金的另一端溝槽後，剪掉多餘的紙繩。

34 使用口金專用鉗輕輕壓扁口金的兩端。若使用一般老虎鉗，請在口金上方隔一層墊布，以免刮傷口金。

35 與步驟 **29**～**34** 相同，將布包塞入另一側的口金，輕輕地壓扁兩端。

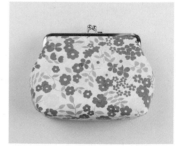

36 取下步驟 **28** 的疏縫線記號。用錐子調整口金周圍的布料，靜置一晚讓接著劑晾乾後即完成。

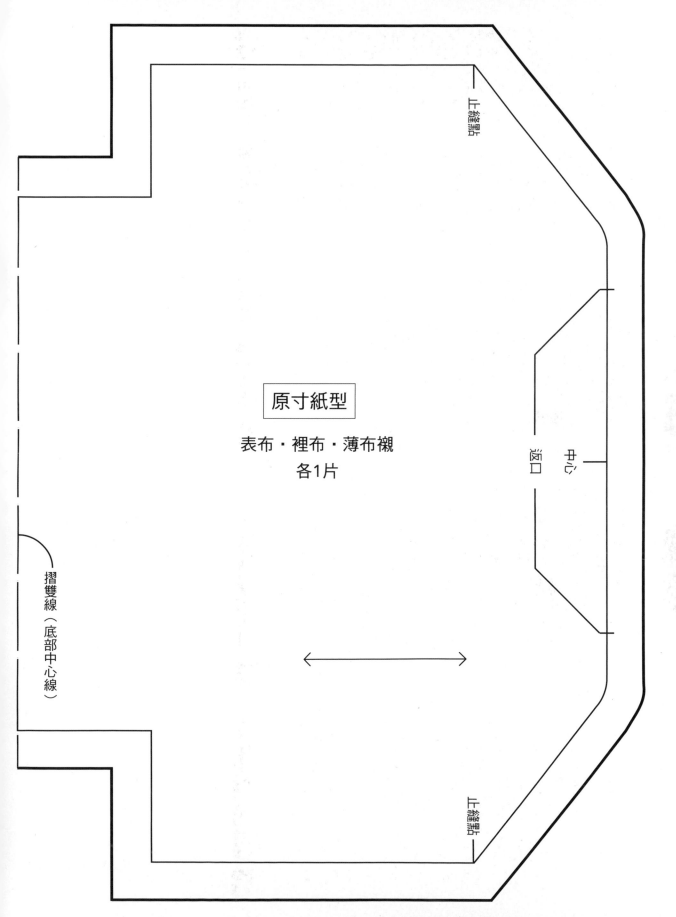

原寸紙型

表布・裡布・薄布襯
各1片

止縫點

中心

返口

止縫點

止縫點

摺雙線（底部中心線）

北歐風萬用收納包

完成尺寸（本體）　● 高8.5×寬13×底7cm

看起來像吐司一樣的圓鼓鼓收納包，做法其實很簡單！

只要像摺紙一般，折疊後直接車縫，就能完成具有立體感的作品。

選用鮮豔的拉鍊顏色，就能成為包包的亮點。

材料

- 表布 … 寬55×長25cm
- 裡布、包邊布 … 寬60×長25cm
- 標籤布 … 寬25×長10cm
- 薄布襯 … 寬55×長25cm
- 拉鍊 … 20cm×1條

準備

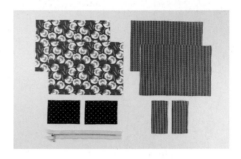

只在表布上貼薄布襯。將各配件依照分版圖連同縫份一起裁下（請參考P96～97）。在表布和裡布的中心做記號。

分版圖

・單位為 cm・（ ）內為縫份，若無標記則為1cm

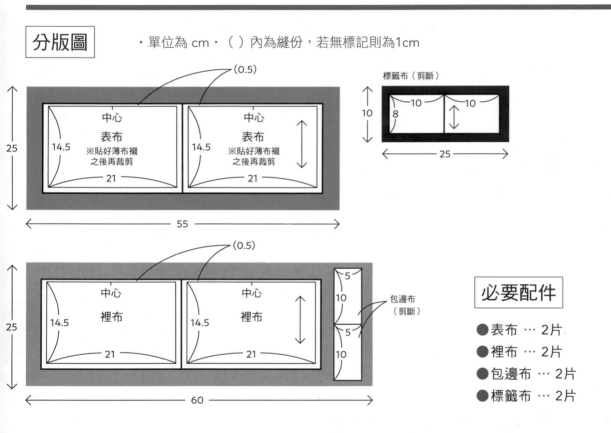

(0.5)

中心
表布
※貼好薄布襯
之後再裁剪

14.5   21

中心
表布
※貼好薄布襯
之後再裁剪

14.5   21

25

55

標籤布（剪斷）

10   10   10
8

25

(0.5)

中心
裡布

14.5   21

中心
裡布

14.5   21

25

60

5
10
5
10

包邊布（剪斷）

必要配件

- 表布 … 2片
- 裡布 … 2片
- 包邊布 … 2片
- 標籤布 … 2片

製作順序

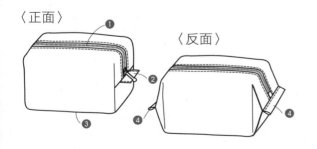

〈正面〉

〈反面〉

❶ 接縫拉鍊
❷ 接縫標籤
❸ 車縫底部
❹ 車縫側邊&
　接縫包邊布

變化版

兩片表布使用不同顏色或花紋，這樣的設計也很可愛。也可以活用剩下的碎布來製作。

115

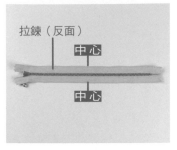

1 用粉土筆在拉鍊反面的中心做記號。

2 將表布與拉鍊以正面相對的狀態疊在一起，對齊表布上端與拉鍊的中心記號，以珠針固定。

3 將縫紉機的壓布腳換成單邊壓布腳，拉開拉鍊，並在距離拉鍊邊緣0.5cm的位置車縫（請參考P71的步驟**2**～**4**）。

4 縫到拉鍊頭的位置後，將拉鍊拉上（請參考P71的步驟**4**）。

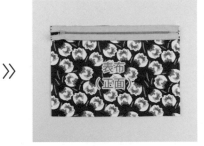

5 縫完其中一側的狀態。

6 以正面相對的狀態，將裡布和步驟**5**對齊。

7 對齊兩塊布的中心記號，別上珠針。

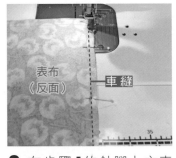

8 在步驟**5**的針腳上方車縫，車縫時要小心不要讓裡布的位置跑掉。

9 將縫份往本體側邊壓平，從縫線的位置仔細折彎，鋪上墊布並以熨斗燙平。

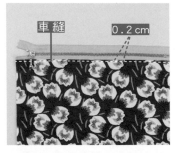

10 在距離表布邊緣0.2cm的位置車縫（請參考P71的步驟**7**～**8**）。

11 以正面相對的狀態，將步驟**10**與另一片表布對齊。

12 對齊兩塊布的中心記號，以珠針固定。

13 與步驟 **3 ～ 4**相同，在距離邊緣0.5cm的位置車縫。

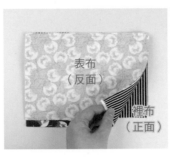

14 以正面相對的狀態，將步驟 **13** 與另一片裡布對齊。

15 對齊兩塊布的中心記號，以珠針固定。

16 在步驟 **13** 的針腳上方車縫，車縫時要小心不要讓裡布的位置跑掉。

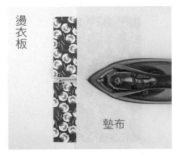

17 對齊表布與裡布後攤開布料如上圖，鋪上墊布並以熨斗燙平。

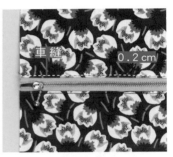

18 從距離表布邊緣0.2cm的位置車縫。

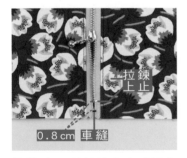

19 在距離拉鍊上止（請參考P70）0.8cm的位置車縫一小段，以免拉鍊的邊緣打開（也可以手縫）。

20 將標籤布的兩邊往中央摺，用熨斗燙平。

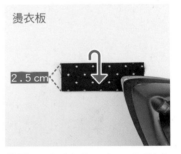

21 再對折成一半，用熨斗燙平。

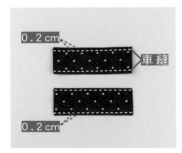

22 分別在距離兩端0.2cm的位置車縫，再重複步驟 **20 ～ 21** 的動作，縫製另一個相同的標籤。

23 將標籤布對折成一半，摺雙線朝向包包的方向，對齊拉鍊的邊緣，用夾子等工具固定。

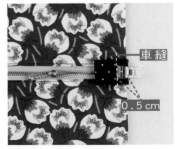

24 在距離邊緣0.5cm的位置車縫。另一側也以相同的方式接縫標籤布。

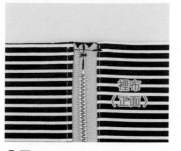

25 從反面看的狀態。

26 以正面相對的狀態,將表布和裡布疊在一起。

27 對齊裡布的布邊,別上珠針。

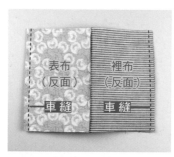

28 分別在表布和裡布的完成線車縫。

29 用拇指緊壓接縫處,分別將表布與裡布的縫份分開。

30 將裡布翻到外側。

31 拉鍊朝上方放置,用夾子等工具固定。

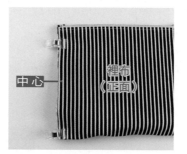

32 用粉土筆在側邊的中心做記號。

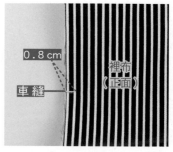

33 在中心記號的位置車縫一道0.8cm的橫線。

34 另一側也以相同的方式車縫。

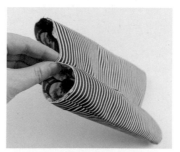

35 以車縫完成的位置為中心,如上圖撐開。

36 對齊拉鍊與底部的中心線,折疊起來。

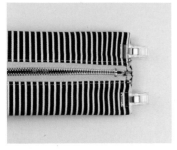

37 用夾子固定住兩端。此時，拉鍊要打開。

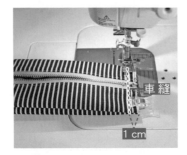

車縫

1 cm

38 在距離邊緣1cm的位置車縫，另一邊也以相同的方式車縫。

39 車縫完成的狀態。

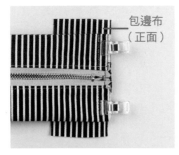

包邊布（正面）

40 將步驟 **39** 放在包邊布上，對齊邊緣後以夾子等工具固定。

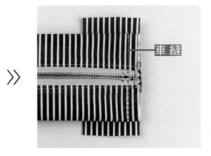

車縫

41 在步驟 **38** 的縫線上方車縫固定。

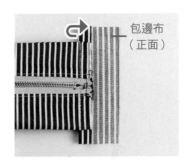

包邊布（正面）

42 朝右側摺回包邊布。

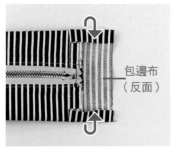

包邊布（反面）

43 將包邊布的上下邊緣往內側摺，對齊本體的寬度。

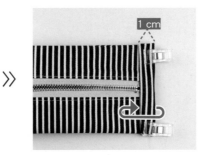

1 cm

44 以包覆起布邊的感覺，將包邊布連續往內摺兩次1cm，用夾子等工具固定。

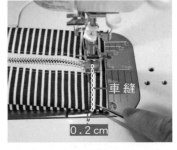

車縫

0.2 cm

45 在距離摺線0.2cm的位置車縫。用錐子輔助，縫起來比較輕鬆。

46 車縫完成的狀態。

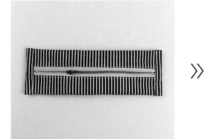

47 另一側也與步驟 **40**～**45** 相同，接縫包邊布。

48 翻回正面，調整形狀後即完成。

兒童圍裙

完成尺寸（本體）
●身長49×裙寬55（適合身高90～100cm）
　身長60×裙寬63（適合身高110～130cm）

在孩子畫畫的時候為他穿上圍裙，防止弄髒衣服。
花紋與線條的組合，感覺就像瑞典「仲夏節」慶典上穿著的民族服裝。
只需將布料剪裁成四角，直線車縫即可輕鬆完成。

材料

〈尺寸90～100cm〉
- ●前身布、口袋布 … 寬50×長25cm
- ●裙布 … 寬75×長45cm
- ●肩帶用緞帶（寬1.5cm）… 50cm×2條
- ●腰帶用緞帶（寬1.5cm）… 130cm×1條

〈尺寸110～130cm〉
- ●前身布、口袋布 … 寬55×長30cm
- ●裙布 … 寬80×長50cm
- ●肩帶用緞帶（寬1.5cm）… 58cm×2條
- ●腰帶用緞帶（寬1.5cm）… 145cm×1條

※緞帶的長度為參考值，請根據孩子的實際身高做調整。

準備

將各配件依照分版圖連同縫份一起裁下（請參考P96～97）。在本體的中心與打褶位置做記號。

分版圖

- ・單位為cm・（ ）內為縫份，若無標記則為1cm
- ・橘色數字為尺寸90～100cm，綠色數字為尺寸110～130cm

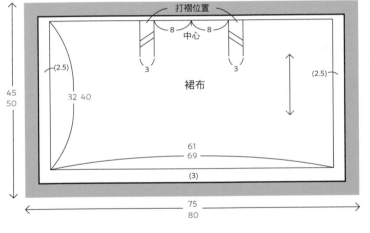

打褶位置
8　8
中心
3　3
(2.5)　(2.5)
裙布
32　40
45
50
61
69
(3)
75
80

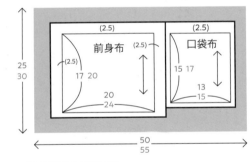

25
30
前身布
(2.5)
(2.5)
17　20
20
24
口袋布
(2.5)
15　17
13
15
50
55

必要配件

- ●前身布 … 1片
- ●裙布 … 1片
- ●口袋布 … 1片

製作順序

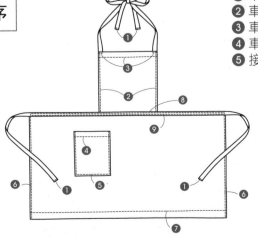

1 車縫緞帶的邊緣
2 車縫前身布的側邊
3 車縫前身布的上端
4 車縫口袋的上端
5 接縫口袋
6 車縫裙布的側邊
7 車縫裙布的下襬
8 接縫前身布與裙布
9 接縫緞帶

變化版

改變布料或緞帶的花紋或顏色，就能打造出完全不同的印象，請自由享受配色的樂趣。

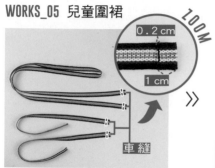

1 長緞帶和短緞帶的兩端各往內摺兩次1cm，在距離摺線0.2cm的位置車縫。

2 前身布的兩側往內摺1cm，用熨斗燙平，再往內摺1.5cm，做成三摺邊。

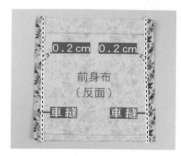

3 在距離摺線0.2cm的位置車縫。

4 與步驟**2**相同，將前身布的上端做三摺邊處理。

5 將短緞帶的裁切邊包覆在上端的三摺邊裡，以珠針固定。

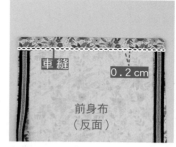

6 在距離摺線0.2cm的位置車縫。

7 將緞帶往上摺，於距離上端0.2cm的位置，從正面車縫以接合緞帶。

8 口袋布左、右、下方的縫份以鋸齒縫處理，四邊都往內摺1cm。

9 上端再往內摺1.5cm做成三摺邊，在距離摺線0.2cm的位置車縫。

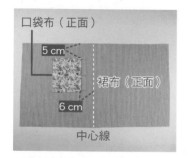

10 將口袋放在裙布上預計接縫口袋的位置，以珠針固定。

11 除了袋口，在距離邊緣0.2cm的位置車縫一圈，袋口的部分要縫成ㄇ字型（請參考P66）。

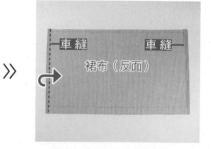

12 與步驟**2**～**3**相同，車縫裙布的兩邊。

13 裙布的下端往內摺1cm後，再摺2cm做三摺邊處理，在距離摺線0.2cm的位置車縫。

14 抓起裙布上的兩個褶子，分別往外側壓平，以珠針固定（請參考P58）。

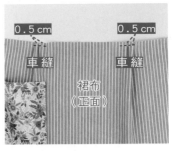

15 以壓著褶子的狀態，在距離上端0.5cm的位置車縫。

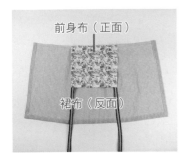

16 以正面朝外的狀態，將步驟7的前身布與步驟15的裙布疊在一起，對齊上端與中心，以珠針固定。

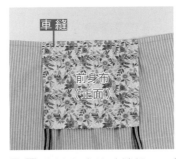

17 車縫完成線（縫份1cm）。

18 將縫份往裙布側壓平，用熨斗整理。裙布上端的縫份也往相同的方向壓平。

19 將裙布與長緞帶的中心對齊，以珠針固定。

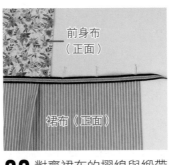

20 對齊裙布的摺線與緞帶的邊緣，以珠針固定。

21 別好珠針後，如果縫份有外露的情況請仔細修剪，讓縫份完美地藏在緞帶裡。

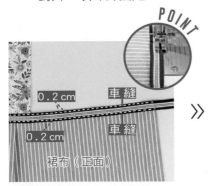

22 在緞帶的上下兩端，距離邊緣0.2cm的位置車縫。

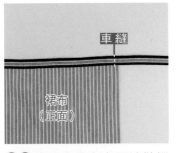

23 在裙布的左右兩端做縱向車縫，以加強固定。

24 完成。

幼兒園入學組合

孩子要上幼兒園了！這時應該要準備哪些用品呢？
為孩子親手縫製獨一無二的便當袋、鞋袋和手提包，
不僅可以省下一筆可觀的花費，
還能享受親手為孩子縫製用品的樂趣！

便當袋

室內鞋袋

束口袋

手提包

運動服收納袋

材料
（五件組）

- 表布、套繩布（印花布）
  … 寬55×長120cm×2片
- 口袋布（印花布）
  … 寬25×長20cm

- 拼接布、提把布、套繩布（素色）
  … 寬50×長80cm
- 裡布（素色）… 寬50×135cm×2片
- 薄布襯　寬50×長40cm×2片

※若表布為厚布料，則不需要薄布襯。

分版圖

· 單位為 cm · ( ) 內為縫份，若無標記則為1cm

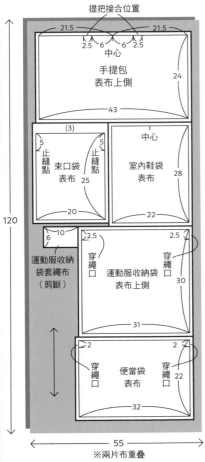

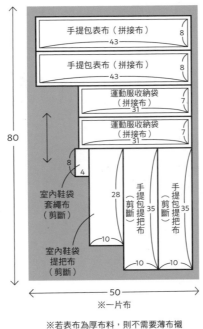

※一片布

※若表布為厚布料，則不需要薄布襯

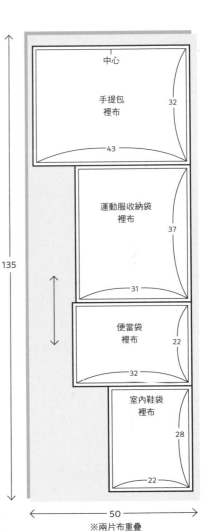

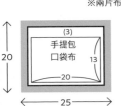

必要配件

〈束口袋〉
- 表布 … 2片

〈室內鞋袋〉
- 表布 … 2片
- 裡布 … 2片
- 提把布 … 1片
- 套繩布 … 1片

〈便當袋〉
- 表布 … 2片
- 裡布 … 2片

〈運動服收納袋〉
- 表布 … 2片
- 拼接布 … 2片
- 套繩布 … 2片
- 裡布 … 2片

〈手提包〉
- 表布 … 2片
- 拼接布 … 2片
- 口袋布 … 1片
- 提把布 … 2片
- 裡布 … 2片
- 薄布襯 … 2片

CHAPTER_05

動手製作6個生活小物

束口袋

完成尺寸（本體）
● 高 23 ×寬 20cm（本體）

材料（束口袋 1 件）

● 表布（印花布）… 寬50×長35cm
● 抽繩（直徑 0.4cm）… 60cm×2條

製作順序

❶ 車縫本體
❷ 車縫穿繩口
❸ 車縫穿繩口下方
❹ 穿繩子

1 將各配件依照分版圖連同縫份一起裁下（請參考P96～97），在止縫點做記號。

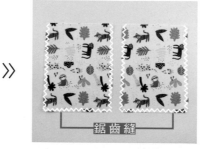

2 在左、右、下方的縫份以鋸齒縫處理。

3 以正面相對的狀態，將表布疊在一起，在上端以外的三邊別珠針。

4 從這一側的止縫點車縫到另一側的止縫點。開始與結束車縫時都要倒車處理。

5 將袋口止縫點以上的縫份往本體的方向摺，並用熨斗燙平。

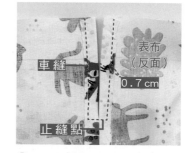

6 從止縫點往上的位置，在距離邊緣0.7cm的位置車縫一圈（車縫在鋸齒縫的上方）。

7 從正面看的狀態。另一側也以相同的方式車縫。

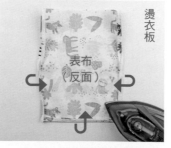

8 將袋口止縫點以下的縫份往本體的方向摺，並用熨斗燙平。

9 將下端兩個袋角的縫份往內摺。

10 一邊用手指壓住步驟 **9** 的袋角，一邊將本體翻回正面。如此即可做出漂亮的尖角。

燙衣板

墊布

11 用熨斗燙平整個袋體，調整形狀。

燙衣板

1 cm

表布（反面）

12 打開袋口上端，往下摺1cm並用熨斗燙平。

燙衣板

2 cm

表布（反面）

13 再往下摺2cm做成三摺邊，用熨斗燙平。另一邊也以相同的方式處理。

14 別上珠針。

車縫

0.2 cm

15 在距離三摺邊摺線上方0.2cm的位置車縫。

16 另一邊也以相同的方式車縫。

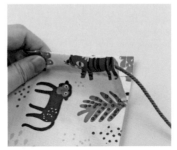

17 從穿繩口穿過兩條繩子（請參考P62、P81）。

18 上圖為穿好一條繩子的狀態。

19 從另一側穿入第二條繩子，穿好後在繩子的尾端打結。

20 束緊袋口，完成。

變化版

正面和反面用不同的布搭配，或是更換繩子的配色，就會有不同的印象。

室內鞋袋

完成尺寸（本體）
● 高25×寬22×底3×
　提把12cm

材料（室內鞋袋 1 件）

● 表布（印花布）… 寬55×長35cm

● 裡布（素色）… 寬55×長35cm

● 提把布、套繩布（素色）
　… 寬20×長35cm

製作順序

① 製作＆接縫提把
② 製作＆接縫環扣
③ 車縫本體
④ 車縫袋底
⑤ 車縫本體
⑥ 車縫袋底
⑦ 車縫袋口
⑧ 關閉返口
⑨ 完成袋口

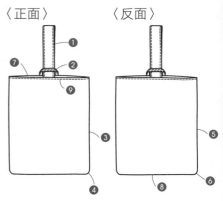

〈正面〉　　〈反面〉

1 表布與裡布依照分版圖連同縫份一起裁下，套繩布與提把布也一併剪斷（請參考P96～97），在本體的中心做記號。

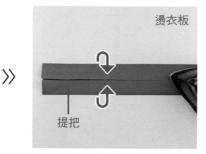

2 將提把布的兩端往中央摺，用熨斗燙平。

提把

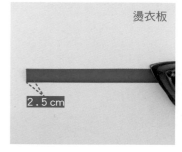

3 再對折成一半，用熨斗燙平。

2.5cm

4 以珠針固定。

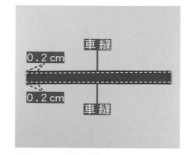

5 分別從距離兩邊0.2cm的位置車縫。

車縫　0.2cm　0.2cm　車縫

6 將提把對折，對齊任一片表布上端的中心，用夾子固定。

摺雙線

7 在距離邊緣0.5cm的位置車縫。

0.5cm　車縫

8 將套繩布的兩端往中央摺，用熨斗燙平。

套繩布

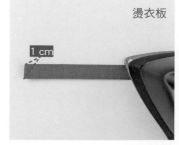

9 再對折成一半，用熨斗燙平。

1cm

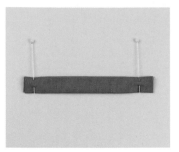

10 以珠針固定。

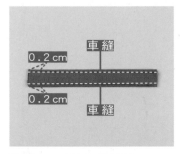

11 分別從距離兩邊0.2cm的位置車縫。

12 將套繩布放在另一片表布上端的中心，用夾子確實固定好，避免布面扭曲。兩側之間大約要空出2cm的距離。

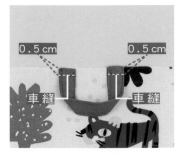

13 在距離邊緣0.5cm的位置車縫。

14 以正面相對的狀態，將步驟 **7** 與 **13** 的表布疊在一起。

15 在上端以外的三邊別上珠針。

16 除了上端，將表布車縫一整圈。

17 用熨斗分開側邊與底部的縫份。熨斗伸不進去的部分，則用拇指緊壓接縫處，將縫份分開。

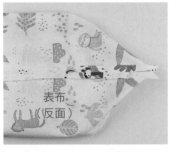

18 將底部中央與側邊線對齊，摺出尖尖的袋角，以珠針固定。

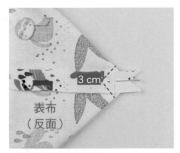

19 在與側邊線呈垂直的位置，做3cm的袋底記號。

20 在記號的上方車縫一條直線。

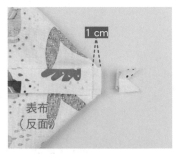

21 保留1cm縫份，其餘的布料剪掉。

22 與步驟 **18**～**21** 相同，車縫另一側的袋底。

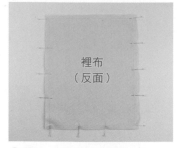

23 以正面相對的狀態，將裡布疊在一起，以珠針固定上端以外的部分。

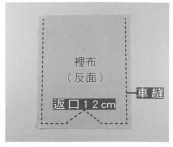

24 預留返口12cm，車縫側邊與底部的完成線。

25 用熨斗分開側邊與底部的縫份。熨斗伸不進去的部分，則用拇指緊壓接縫處，將縫份分開。

26 將底部中央與側邊線對齊，摺出尖尖的袋角，以珠針固定。

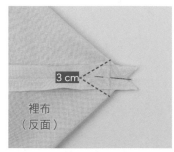

27 在與側邊線呈垂直的位置，做3cm的袋底記號。

28 在記號的上方車縫一條直線。

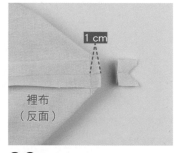

29 保留1cm縫份，其餘的布料剪掉。

30 與步驟 **26**～**29** 相同，車縫另一側的袋底。

31 將裡布翻回正面，以正面相對的狀態，把裡布放進表布並對齊。

32 將表布和裡布的上端與側邊對齊，以珠針固定。

33 依序在中央、兩端和周圍別上珠針（請參考P16）。

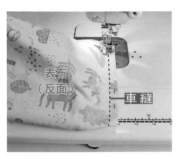

34 車縫袋口一整圈以固定表布和裡布。

35 拉出裡布。

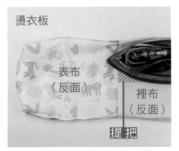

36 將步驟 **34** 的縫份往表布側壓平，再用熨斗整理。此時，提把與環扣都要倒向裡布那一側。

37 將表布從返口拉出並翻回正面。

38 將返口的縫份往內側摺，以珠針固定。

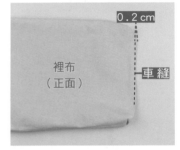

39 在距離邊緣0.2cm的位置車縫。也可以用對針縫收尾（請參考P27）。

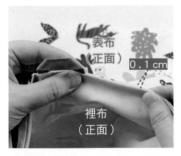

40 把裡布放進表布。將裡布的上端往內側收0.1cm，用拇指緊壓開口的接縫處，把縫線藏在裡面。

41 用熨斗從袋口往裡面推進，一邊壓平上端、一邊調整形狀，避免從正面看到裡布。

42 將提把與環扣往右側挪開，在距離上端0.2cm的位置車縫。

43 袋口完成車縫的狀態。

44 將提把穿過環扣，完成。

> **變化版**
>
> 提把的材料可以直接購買市售的壓克力布條或棉布條等等。購買現成的布條時，請選擇寬2.5cm×長28cm的尺寸。

便當袋

完成尺寸（本體）● 高13×寬32×深12cm

材料（便當袋1件）

● 表布（印花布）… 寬75×長30cm

● 裡布（素色）… 寬75×長30cm

● 抽繩（直徑0.4cm）…92cm×2條

※注意事項：如果因為布料及抽繩的材質，導致穿繩的寬度過於
　狹窄時，請將步驟 **29** 的穿繩寬度加寬。

製作順序

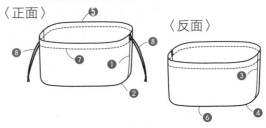

〈正面〉　　　　　　　　　　〈反面〉

1 車縫本體　　5 車縫袋口
2 車縫袋底　　6 關閉返口
3 車縫本體　　7 車縫穿繩口的下方
4 車縫袋底　　8 穿繩子

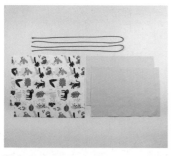

1 表布與裡布依照分版圖連同縫份一起裁下（請參考P96～97），並在穿繩口做記號。

2 以正面相對的狀態將表布對齊，在上端以外的三邊別珠針。

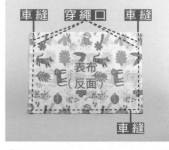

3 預留左右兩側的穿繩口，車縫側邊與底部的完成線。

燙衣板

4 用熨斗分開側邊與底部的縫份。

5 熨斗不易進去的部分，則用拇指緊壓接縫處，將縫份分開。

6 將底部中央與側邊線對齊，摺出尖尖的袋角，以珠針固定。

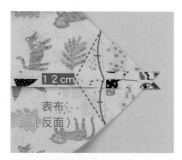

7 在與側邊線呈垂直的位置，做12cm的袋底記號。

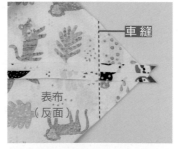

8 在記號的上方車縫一條直線。

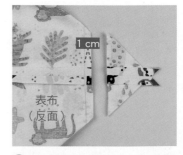

9 保留1cm縫份，其餘的布料剪掉。

10 與步驟 **6**～**9** 相同，車縫另一側的袋底，將多餘的縫份剪掉。

11 將兩側的縫份往底側壓平，用熨斗整理。

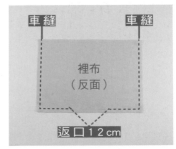

12 以正面相對的狀態對齊裡布，保留下方12cm的返口，車縫兩側的完成線。

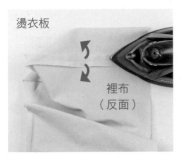

13 用熨斗分開側邊與底部的縫份。熨斗不易進去的部分，則用拇指緊壓接縫處，將縫份分開。

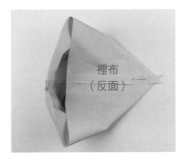

14 將底部中央與側邊線對齊，摺出尖尖的袋角，以珠針固定。

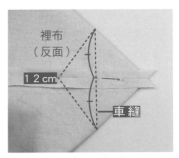

15 在與側邊線呈垂直的位置，做12cm的袋底記號，在記號的上方車縫一條直線。

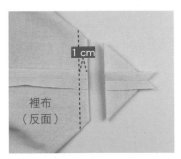

16 保留1cm縫份，其餘的布料剪掉。

17 與步驟 **14**～**16** 相同，車縫另一側的袋底，剪掉多餘的縫份，將縫份往底側壓平，用熨斗整理。

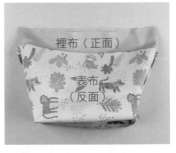

18 將裡布翻回正面，以正面相對的狀態，把裡布放進表布並對齊。

19 將裡布與表布的上端與側邊對齊，以珠針固定。

20 依序在中央、兩端和周圍別上珠針（請參考P16）。

21 車縫袋口一整圈以固定表布和裡布。此時，將側邊的縫份分開。

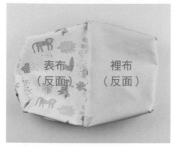

22 拉出裡布。

23 將步驟 21 的縫份往表布側壓平，再用熨斗整理。

24 從返口拉出表布，翻回正面。

25 將返口的縫份往內側摺，以珠針固定。

26 在距離邊緣0.2cm的位置車縫。也可以用對針縫收尾（請參考P27）。

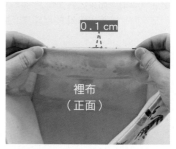

27 把裡布放進表布。將裡布的上端往內側收0.1cm，用拇指緊壓開口的接縫處，把縫線藏在裡面。

28 用熨斗從袋口往裡面推進，一邊壓平上端、一邊調整形狀，避免從正面看到內袋。

29 在距離縫線2cm的位置，貼紙膠帶做記號（請參考P49），車縫距離上端2cm的位置。

30 從穿繩口穿過2條繩子（請參考P62、P81）。

31 在步驟 3 保留未縫的部分就是穿繩口。

32 穿好後將繩子的兩端打結，完成。

變化版

在繩子的尾端接上吊飾，拉繩時會更方便。

運動服收納袋

完成尺寸（本體）● 高35×寬31cm

材料（運動服收納袋 1 件）

● 表布、套繩布（印花布）… 寬85×長40cm

● 拼接布 … 寬75×長15cm

● 裡布（素色）… 寬75×長45cm

● 薄布襯（一般厚度）… 裁剪成直徑5cm圓形1片

● 背繩（直徑0.5cm）… 150cm×2條

※注意事項：如果因為布料及抽繩的材質，導致穿繩的寬度過於
　　狹窄時，請將步驟 **31** 的穿繩寬度加寬。

製作順序

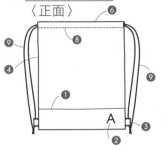

〈正面〉

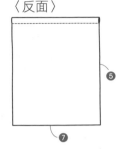

〈反面〉

❶ 車縫表布與拼接布　　❻ 車縫袋口
❷ 刺繡　　　　　　　　❼ 關閉返口
❸ 縫製並接縫環扣　　　❽ 車縫穿繩口下方
❹、❺ 車縫本體　　　　❾ 穿繩子

1 表布、裡布、拼接布依照
分版圖連同縫份一起裁下，
套繩布剪斷後，在穿繩口做記
號（請參考P96～97）。

2 以正面相對的狀態，對
齊表布下端與拼接布上
端，以珠針固定。

3 車縫完成線。

4 用熨斗分開縫份。

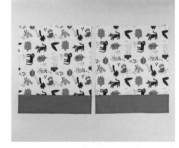

5 重複步驟 **2～4**，縫製另
一片相同的配件。

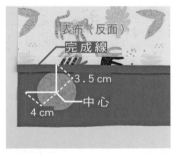

6 在拼接布反面的左側，
貼上裁剪成圓形的薄布
襯（請參考P15）。

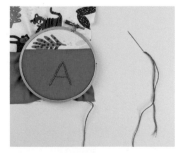

7 在貼薄布襯部位的正面，
繡上喜歡的文字或圖案
（請參考P28～39）。

8 完成刺繡之後，鋪上墊
布，用熨斗從正面壓平
整理。

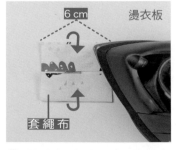

9 將套繩布的兩端往中央
摺，用熨斗燙平。

CHAPTER_05 動手製作 6 個生活小物

135

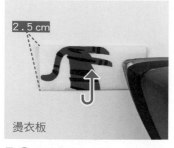

10 再對折成一半，用熨斗燙平。

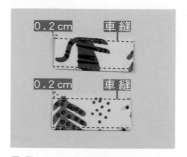

11 分別在距離兩端0.2cm的位置車縫，再重複步驟 **9** 〜 **10** 的動作，縫製另一個相同的環扣。

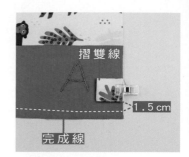

12 將套繩布對折成一半，摺雙線朝向包包的方向，用夾子等工具固定在距離底部完成線1.5cm的位置。

13 在距離邊緣0.5cm的位置車縫。另一側也以相同的方式接縫環扣。

14 以正面相對的狀態，將步驟 **13** 與另一片表布疊在一起，對齊布邊後別上珠針。

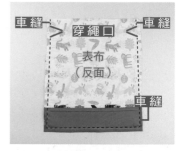

15 保留穿繩口，車縫上端以外的完成線。開始車縫與完成車縫時，都要倒車處理。

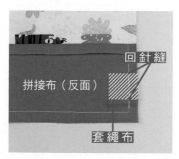

16 在套繩布的上方做回針縫，以加強固定。

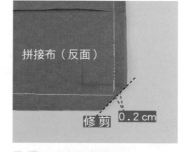

17 在距離縫線0.2cm的位置，修剪袋角的布料如上圖。另一邊也以相同的方式處理。

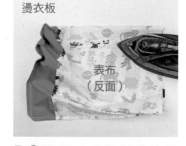

18 用熨斗分開側邊的縫份，熨斗伸不進去的部分，則用拇指緊壓接縫處，將縫份分開。

19 將底部的縫份往上摺。

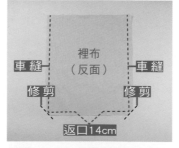

20 以正面相對的狀態，將裡布疊在一起，保留返口14cm，車縫上端以外的完成線。與步驟 **17** 相同，修剪袋角的布料。

21 用熨斗分開側邊與底部的縫份，同步驟 **18**。

22 將裡布翻回正面，以正面相對的狀態，將裡布放進表布裡並對齊。

23 將表布與裡布的上端與側邊對齊，依序在中央、兩端和周圍別上珠針（請參考P16）。

24 車縫袋口一整圈以固定表布和裡布。此時，將側邊的縫份分開。

25 拉出裡布，將步驟**24**的縫份往表布側壓平，再用熨斗整理。

26 從返口拉出表布，翻回正面。

27 將返口的縫份往內側摺，以珠針固定。

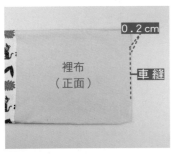

28 在距離邊緣0.2cm的位置車縫。也可以用對針縫收尾（請參考P27）。

29 把裡布放進表布。將裡布的上端往內側收0.1cm，用拇指緊壓開口的接縫處，把縫線藏在裡面。

30 用熨斗從袋口往裡面推進，一邊壓平上端、一邊調整形狀，避免從正面看到內袋。

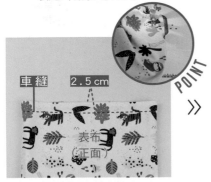

31 在距離縫線2.5cm的位置，貼紙膠帶做記號（請參考P49），車縫距離上端2.5cm的位置。

32 從穿繩口穿過兩條繩子（請參考P62、P81）。將繩子穿過環扣，在繩子的尾端打結，完成。

變化版

套繩布可以直接購買市售商品替代，請選擇寬2.5cm的款式。若希望刺繡的圖案大一點，可將P38～39的圖案放大影印。

手提包

完成尺寸（本體）● 高32×寬43cm

材料（手提包1件）

● 表布、口袋布（印花布）… 寬100×長50cm
● 提把布、拼接布 … 寬50×長60cm
● 裡布（素色）… 寬100×長40cm
● 薄布襯（一般厚度）… 100×40cm

※表布如使用厚布料，則只需準備一片剪裁成直徑5cm的圓形薄布襯（請參考P135的步驟 **6**）。

製作順序

① 車縫表布與拼接布
② 刺繡
③ 縫製並接縫提把
④ 車縫本體
⑤ 車縫口袋的上端
⑥ 接縫口袋
⑦ 車縫本體
⑧ 車縫口袋
⑨ 關閉返口
⑩ 車縫袋口

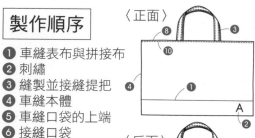

1 表布、裡布、拼接布、口袋布依照分版圖連同縫份一起裁下，提把布也一併剪斷（請參考P96～97）。在預計接合提把的位置上做記號。

2 以正面相對的狀態，對齊表布下端與拼接布上端，別珠針。

3 車縫完成線。

4 用熨斗分開縫份。

5 將薄布襯貼在表布的反面（請參考P15）。如果表布使用厚布料，薄布襯只需貼在預定要刺繡的部分。

6 重複步驟 **2** ～ **5**，縫製另一片相同的配件。

7 在貼薄布襯部位的正面，繡上喜歡的文字或圖案（請參考P28～39）。

8 完成刺繡之後，鋪上墊布，用熨斗從正面壓平整理。

9 將提把布的兩端往中央摺，用熨斗燙平。

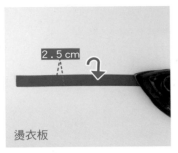

10 再對折成一半，用熨斗燙平。

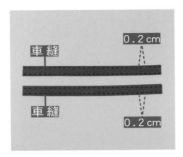

11 分別在距離兩端0.2cm的位置車縫，再重複步驟 **9** ～ **10** 的動作，縫製另一個相同的配件。

12 在接合提把的位置放上車縫好的提帶，避免提把扭曲，以夾子固定。

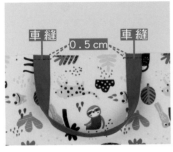

13 在距離上端0.5cm的位置車縫。

14 與步驟 **12** ～ **13** 相同，在另一片表布上接縫提把。

15 以正面相對的狀態，對齊步驟 **14** 的表布，在上端以外的三邊別珠針，以免拼接線錯位。

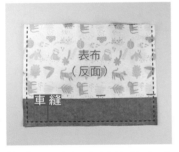

16 車縫上端以外的完成線。

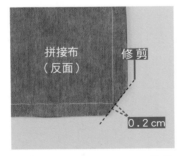

17 在距離縫線0.2cm的位置，修剪袋角的布料如上圖，另一邊也以相同的方式處理。

18 用熨斗分開側邊的縫份，熨斗伸不進去的部分，則用拇指緊壓接縫處，將縫份分開。

19 將底部的縫份往上摺。

20 口袋布左、右、下方的縫份以鋸齒縫處理。

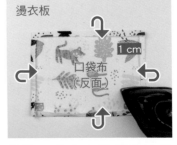

21 口袋布四邊都往內摺1cm，用熨斗燙平。

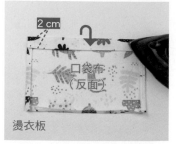

22 上端再往下摺2cm做成三摺邊，用熨斗燙平。

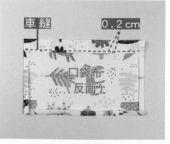

23 在距離摺線0.2cm的位置車縫。

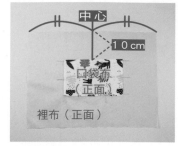

24 在裡布中心往下10cm的位置放置口袋布，以珠針固定。

25 除了袋口，在距離邊緣0.2cm的位置車縫一圈，袋口的部分要縫成⊓字型。（請參考P66）。

26 以正面相對的狀態對齊裡布，以珠針固定上端以外的部位。

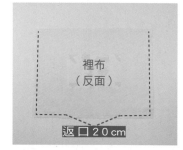

27 保留返口20cm，車縫上端以外的部位。

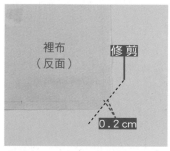

28 在距離縫線0.2cm的位置，修剪袋角的布料如上圖，另一邊也以相同的方式處理。

29 用熨斗分開側邊的縫份，熨斗伸不進去的部分，則用拇指緊壓接縫處，將縫份分開。

30 將底部的縫份往上摺。

31 將裡布翻回正面，以正面相對的狀態，將裡布放進表布裡並對齊。

32 表布與裡布的上端和側邊對齊，以珠針固定。

33 依序在中央、兩端和周圍別上珠針（請參考P16）。

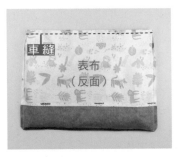

34 車縫袋口一整圈以固定表布和裡布。此時，將側邊的縫份分開。

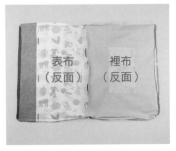

35 拉出裡布。

36 將步驟34的縫份往表布側壓平，再用熨斗整理。

37 從返口拉出表布，翻回正面。

38 用錐子調整角落，使其形成漂亮的尖角。

39 將返口的縫份往內側摺，以珠針固定。

40 在距離邊緣0.2cm的位置車縫。也可以用對針縫收尾（請參考P27）。

41 把裡布放進表布。將裡布的上端往內側收0.1cm，用拇指緊壓開口的接縫處，把縫線藏在裡面。

42 用熨斗從袋口往裡面推進，一邊壓平上端、一邊調整形狀，避免從正面看到內袋。

43 在距離上端0.2cm的位置，車縫袋口一圈。

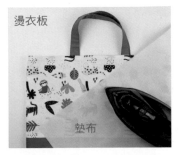

44 鋪上墊布，用熨斗燙平整個袋子並調整形狀，完成。

變化版

提把也可以直接購買市售布條取代（寬2.5×長35cm×2條），或是用鋪棉布縫製。若希望刺繡的圖案大一點，可將P38～39的圖案放大影印。

INDEX 索引

台灣廣廈 國際出版集團
Taiwan Mansion International Group

國家圖書館出版品預行編目（CIP）資料

初學者的縫紉入門：1000張實境照全圖解！手縫訣竅×機縫技巧×
基礎刺繡，在家就能輕鬆修改衣物＆製作實用小物 / 奧爾森惠子著；
鄭睿芝翻譯. -- 初版. -- 新北市：蘋果屋，2023.08
　　面；　公分.
ISBN 978-626-97272-9-2（平裝）
1.CST: 縫紉　2.CST: 手工藝

426.3　　　　　　　　　　　　　　　　　112007421

蘋果屋
APPLE HOUSE

初學者的縫紉入門

1000張實境照全圖解！手縫訣竅×機縫技巧×基礎刺繡，在家就能輕鬆修改衣物＆製作實用小物

作　　　者／奧爾森 惠子　　　編輯中心編輯長／張秀環・編輯／周宜珊
翻　　　譯／鄭睿芝　　　　　封面設計／何偉凱・**內頁排版**／菩薩蠻數位文化有限公司
　　　　　　　　　　　　　製版・印刷・裝訂／東豪・弼聖・明和

行企研發中心總監／陳冠蒨　　　線上學習中心總監／陳冠蒨
媒體公關組／陳柔彣　　　　　　數位營運組／顏佑婷
綜合業務組／何欣穎　　　　　　企製開發組／江季珊

發　行　人／江媛珍
法律顧問／第一國際法律事務所 余淑杏律師・北辰著作權事務所 蕭雄淋律師
出　　　版／蘋果屋
發　　　行／蘋果屋出版社有限公司
　　　　　　地址：新北市235中和區中山路二段359巷7號2樓
　　　　　　電話：（886）2-2225-5777・傳真：（886）2-2225-8052

代理印務・全球總經銷／知遠文化事業有限公司
　　　　　　地址：新北市222深坑區北深路三段155巷25號5樓
　　　　　　電話：（886）2-2664-8800・傳真：（886）2-2664-8801
郵政劃撥／劃撥帳號：18836722
　　　　　　劃撥戶名：知遠文化事業有限公司（※單次購書金額未達1000元，請另付70元郵資。）

■出版日期：2023年08月
ISBN：978-626-97272-9-2

SKILL 0 DEMO HITOME DE WAKARU SEWING TAIZEN
©Keiko Olsson 2022
First published in Japan in 2022 by KADOKAWA CORPORATION, Tokyo. Complex Chinese translation rights arranged with
KADOKAWA CORPORATION, Tokyo through Keio Cultural Enterprise Co., Ltd.